Alexander von Behaim-Schwartzbach

Das Weltall – meinen Kindern erklärt

Alexander von Behaim-Schwartzbach

Das Weltall –
meinen Kindern erklärt

Mit Illustrationen von Frank Wowra

HERDER

FREIBURG · BASEL · WIEN

Meinen Enkeln
Johanna und Lukas aus Friedrichsdorf

Originalausgabe

© Verlag Herder GmbH, Freiburg im Breisgau 2009
Alle Rechte vorbehalten
www.herder.de

Umschlaggestaltung und Konzeption:
Agentur R.M.E – Roland Eschlbeck, Rosemarie Kreuzer
Umschlagmotiv: © Frank Wowra
Autorenfoto: Matthias Hartmann
Innenlayout: RSRDesign

Herstellung: fgb · freiburger graphische betriebe
www.fgb.de

Gedruckt auf umweltfreundlichem, chlorfrei gebleichtem Papier
Printed in Germany

ISBN 978-3-451-30167-4

Inhalt

Ein Buch über das Weltall – für Kinder?

Ich stelle mir vor, dass beim Lesen dieses Buches Eltern gemeinsam mit ihren Kindern das Weltall erforschen, und wenn ich auch in erster Linie die Kinder anspreche, dürfen sich Eltern gerne mit gemeint fühlen. Ihr habt euch sicher schon oft gefragt, wie es überhaupt möglich ist, dass man sich im Weltall auskennen kann, wie erforscht werden kann, was darin alles los ist. Antworten auf diese Fragen findet ihr, wenn ihr mit diesem Buch im Gepäck die ganz bestimmt spannenden »Spaziergänge« durch die weiten Räume des Kosmos unternehmt. Ich muss euch aber gleich am Anfang sagen, dass man vieles von dem, was uns die Wissenschaftler über den Weltraum erklären, so richtig doch nicht verstehen kann. Manches übersteigt einfach die menschliche Vorstellungskraft. Das gilt für Kinder ebenso wie für Erwachsene.

Einen ganz großen Schritt in der Erforschung des Weltraums haben die Wissenschaftler gemacht, als die Lichtgeschwindigkeit zum ersten Mal gemessen wurde. Ihr müsst wissen, dass Licht nicht einfach da ist, wenn man es anmacht, sondern dass sich die Lichtstrahlen superschnell von der Lichtquelle, zum Beispiel von einer Glühbirne, in den Raum ausbreiten. Das war also eine ganz wichtige Entdeckung, wie der dänische Astronom Ole Rømer (das wird »Römer« gesprochen) die wahre Geschwindigkeit des Lichts schließlich herausfand, das ist absolut faszinierend. Wie ihm das gelang, ist im Kapitel »Die Lichtgeschwindigkeit wird gemessen« beschrieben. Übrigens nennt man die Wissenschaftler, die sich mit dem Weltall beschäftigen, Astronomen. Und das Weltall wird auch Kosmos oder Universum genannt.

Auch ich interessierte mich als Junge dafür, wie das Weltall aufgebaut ist – und speziell, wie es in unserem Sonnensystem zugeht. Alle Erwachsenen, die ich danach fragte, sagten mir, dass sie darüber noch nie nachgedacht hätten. Sie gaben mir aber den guten Rat, mal ein Buch über Astronomie aus der Stadtbücherei zu besorgen.

Also radelte ich dorthin. In der Abteilung »Sonne, Mond und Sterne« fand ich mehrere Bücher, von denen ich mir erhoffte, dass sie meine Fragen beantworten würden. »Donnerwetter«, sagte die Dame an der Theke beeindruckt, als sie meine Bücher als ausgeliehen in die Lesedatei eintrug. »Liest du schon solche komplizierten Bücher?« Ich nickte und genoss im Stillen die Bewunderung. Fünf Minuten Ruhm, das war schon ein tolles Gefühl.

7

Daheim packte ich meine Beute aus der Stadtbücherei aus und war gespannt. Ich fing sofort mit dem Lesen an. Aber schon bald begann mein Kopf zu brummen. Die Zeitgleichung, las ich da, müsste man sich als zwei harmonische Schwingungen vorstellen. Mit folgender einfachen Formel könnte man den Sonnenaufgang und Untergang berechnen – jeden! Egal wo:

$$WOZ - MOZ =$$
$$-0.171 \times \sin(0.0337 \times T + 0.465) -0.1299 \times \sin(0.01787 \times T -0.168)$$

Hättet ihr so etwas verstanden? Und es wurde immer schlimmer. Bald tauchten bandwurmlange Formeln auf. Bevor mein Kopf platzte, legte ich die Bücher enttäuscht weg. Nichts hatte ich verstanden, überhaupt nichts. Niemand, der vom Universum noch nichts weiß, konnte auch nur einen Satz verstehen. Nach diesem Schock fasste ich den Entschluss, später selbst mal ein Buch über Astronomie zu schreiben, das auch Kinder oder Leute verstehen könnten, die von Astronomie noch nichts wissen. Es hat lange gedauert, aber hier ist dieses Buch. Ihr findet darin keine solch unverständlichen Formeln, dafür aber viele Geschichten, mit denen ich euch zeigen möchte, wie spannend und lebendig die Erforschung des Weltalls sein kann.

Danken möchte ich noch denen, die durch gute und hilfreiche Tipps zum Entstehen dieses Buches beigetragen haben: meiner Frau, meinem ehemaligen Kollegen Bernhard Vierthaler und Helene Wallner aus dem Salzburger Land.

Inzlingen im August 2009

1. Unsere ersten Blicke ins Weltall

Was uns eine Blaskapelle über den Urknall verrät

Habt ihr schon einmal aufmerksam hingehört, wenn ein Krankenwagen mit Sirene an euch vorbeifährt? Dann werdet ihr etwas Merkwürdiges beobachtet haben: Während sich das Auto auf uns zu bewegt, hört man einen hohen Klang. Und von dem Moment an, wenn es vorbeigefahren ist, fällt die Tonhöhe ab. Diiiüuu. Was hat das zu bedeuten?

Der österreichische Physiker Christian Doppler hat vor etwa 150 Jahren herausgefunden, warum das so ist. Er machte ein Experiment, das in die Wissenschaftsgeschichte eingehen sollte: Dazu engagierte er eine Blaskapelle, setzte einige der Musiker auf einen offenen Eisenbahnwaggon und ließ sie auf ihren Trompeten verschiedene Töne blasen. Dann wurde der Waggon in Bewegung gesetzt, und andere Musiker, die neben den Gleisen standen, wurden nach der gerade geblasenen Note gefragt. Doppler vermutete, dass die Töne der heranfahrenden Musiker höher waren, jedoch die Töne der sich entfernenden Musiker tiefer sein müssten. Der Versuch war ein voller Erfolg. Doppler hatte richtig vermutet: Schallwellen werden zusammengepresst, wenn sich die Schallquelle auf den Beobachter zu bewegt. Entfernt sie sich aber, so werden die Schallwellen gedehnt, und dadurch ändert sich unsere Wahrnehmung der Tonhöhe.

Richtig verstehen könnt ihr das nur, wenn ihr euch bewusst macht, dass Töne nicht einfach nur da sind, sondern dass sie sich wellenförmig von einer Quelle aus, beispielsweise von einer Trompete, nach allen Richtungen in den Raum hinein ausbreiten. Das ist ganz ähnlich, wie wenn ihr in einen ruhigen See einen Stein werft, da breiten sich auch von der Einwurfstelle an die Wellen über das Wasser aus, und es dauert eine ganze Weile, bis sie am Ufer angekommen sind. Der Schall hat zwar ein viel höheres Tempo drauf als die Wellen im Wasser, aber trotzdem brauchen auch die Schallwellen etwas Zeit, um sich von hier nach dort zu bewegen. Jetzt wird euch auch klar, warum man bei einem Gewitter zuerst den Blitz sieht und erst nach ein, zwei oder noch mehr Sekunden den Donner hört. Je weiter das Gewitter, der Blitz weg ist, desto länger braucht der Schall, also der Donner, bis er bei uns angekommen ist.

Das Spannende ist nun, dass es dieses Phänomen in ähnlicher Weise auch für Lichtwellen gibt. Auch Licht ist nicht einfach nur da, sondern es breitet sich ebenfalls von einer Quelle ausgehend, beispielsweise einer Kerze, aus. Die Lichtwellen haben ein noch viel größeres Tempo drauf als die Schallwellen, darum merken wir überhaupt nicht, dass sich Licht bewegt. Licht ist das schnellste, was wir uns vorstellen können. Und als es dann gelungen war, die Lichtgeschwindigkeit zu messen, waren wir in der Erforschung des Weltalls einen wesentlichen Schritt weiter, denn Licht und Bewegung sehen wir dort draußen überall. Wer die Lichtgeschwindigkeit messen kann, kann auch ganz riesige Entfernungen im Weltall messen. Davon werdet ihr gleich noch mehr hören.

Die entscheidende Beobachtung war nun: Licht, das auf uns zukommt, ist leicht ins Bläuliche verschoben, während das Licht, das von uns fortstrebt, sich ins Rot verschiebt. Daher sprechen die Astronomen von einer Rotverschiebung. Als Edwin Hubble 1929 die Galaxien durch ein Fernrohr betrachtete, bemerkte er, dass das Licht aus dem All ins Rot verschoben ist. Da er das richtig interpretierte, hatte er unsere Vorstellung vom Weltall völlig verändert. Objekte, die sich von der Erde im Weltraum entfernen, sind ins Rot verschoben, denn würden sie sich nähern, müssten sie ins Blau verschoben sein. Hubbel folgerte daraus, dass sich das Universum ausdehnen müsse. Mit dieser Entdeckung wurde er einer der bedeutendsten Astronomen des 20. Jahrhunderts. Moderne Astrophysiker reihen ihn sogar unter die großen Revolutionäre unseres Weltbildes ein: Kepler, Kopernikus, Galileo – und Hubble.

Ihr könnt dieses Gesetz auch umkehren, und dann bedeutet es: Wenn das Universum kontinuierlich expandiert (sich also ausdehnt), dann müssen irgendwann vor langer Zeit alle Galaxien ganz dicht beisammen gewesen sein – an einem unendlich kleinen Punkt, der unendlich dicht und unendlich heiß war: Edwin Hubble hatte damit den Urknall entdeckt.

Für eure Lernbox

* Wenn sich ein Polizeiauto mit eingeschalteter Sirene nähert, hört man einen aufsteigenden Ton. Wenn das Polizeiauto vorbeigefahren ist, sinkt die Tonhöhe.
* Schallwellen, die sich nähern, werden zusammengepresst. Dadurch erklingt ihr Ton höher. Eine Schallquelle, die sich entfernt, wird gedehnt und klingt daher etwas tiefer. Der österreichische Physiker Christian Doppler war der erste, der diesen Zusammenhang erkannt und dieses Phänomen experimentell nachgewiesen hat.

✳ Etwas ganz Ähnliches geschieht auch mit Lichtwellen. Wenn sich eine Lichtquelle auf einen Betrachter zu bewegt, ist das Licht ins Blaue verschoben. Entfernt sich eine Lichtquelle, dann verschiebt sich das Licht ins Rot. Da das Licht aller Sterne ins Rot verschoben ist, entfernen sie sich von der Erde.

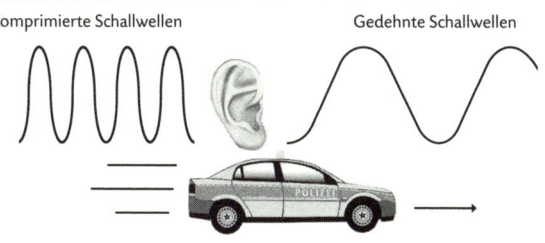

Komprimierte Schallwellen   Gedehnte Schallwellen

Der Dopplereffekt
Die Schallwellen eines sich nähernden Autos klingen höher, da sie gestaucht sind. Wenn es vorbeigefahren ist, werden die Schallwellen länger, wodurch der Ton tiefer wird.

✳ Es war der amerikanische Astronom Edwin Hubble, der diesen Zusammenhang entdeckt hat. Er schloss daraus, dass sich das Universum auseinander bewegt. Im Umkehrschluss bedeutet dies, dass sich früher alle Himmelsobjekte dichter beieinander befunden haben müssen.

Die Entstehung von Raum und Zeit

Ihr wisst nun, dass das Universum (ein anderes Wort für Weltall) von dem Zeitpunkt an, wo sich alles explosionsartig auszudehnen begonnen hat, bis heute eine ungeheure Entwicklung durchgemacht hat. Dieses Ereignis nennt man, wie ihr wisst, den Urknall, und die Zeit im Moment des Urknalls heißt die Planck-Ära. Zwischen dem Urknall und heute liegen 15 Milliarden Jahre, in denen die Evolution (Entwicklung) des Kosmos stattgefunden hat. Könnt ihr euch vorstellen, wie lange das her ist? Die meisten Menschen wissen nicht einmal, wie man diese Zahl in Ziffern schreibt. Es ist darum unsinnig verstehen zu wollen, wie lang 15.000.000.000 Jahre nun eigentlich sind. Für so große Zeiträume besitzen wir Menschen einfach kein Vorstellungsvermögen. Erst mit dem

Big Bang (ein anderes Wort für Urknall) entstanden Raum und Zeit. Erst in dem Moment, als der Urknall geschah, gab es einen Beginn von Raum und Zeit.

Es gibt da noch etwas Grundlegendes, was ihr bei der Erforschung des Weltalls wissen müsst: Materie ist gleich Energie, und umgekehrt: Energie ist gleich Materie. Das hört sich im Moment vielleicht etwas abstrakt an, doch wird im Verlauf unserer Spaziergänge durch das Weltall hoffentlich Schritt für Schritt klarer, was das bedeutet. Jemand hat einmal gesagt, Materie sei geronnene Energie. Wahrscheinlich wollte er sagen, dass Materie eine andere Form der Energie sei. Der geniale Denker Albert Einstein hat dies mit der berühmtesten Formel aller Zeiten gesagt: $E = mc^2$. Ich weiß, dass viele Menschen mit mathematischen oder physikalischen Formeln nichts anzufangen wissen, ja manchmal sogar Angst davor haben. Etwas locker unter uns gesprochen könnte man aber sagen, eine Formel ist so eine Art Kochrezept.

Eier + Mehl + Milch + Hitzeenergie = Pfannkuchen.

Doch zurück zu $E = mc^2$. E wie Energie ist das Gleiche wie **m** (Masse) mal **c** (Geschwindigkeit) und das ganze im Quadrat (^{2}). Das Ist-Zeichen (=) sagt, die Formel ist eine Gleichung. Und bei Gleichungen weiß man immer, was man hat: Links und rechts vom Ist-Zeichen steht genau das Gleiche!

Der Urknall war eine ganz andere Explosion als wir sie kennen. Explosionen gehen von einem Zentrum aus und breiten sich im Raum aus. Beim Big Bang aber gab es noch überhaupt keinen Raum in dem sich eine Explosion hätte ausbreiten können. Die Explosion des Urknalls fand demnach überall zur gleichen Zeit statt. Das ist nur schwer vorstellbar. Am Beginn – also zur Planck-Ära – gab es noch keine Materie. Erst als sich das Weltall noch weiter abkühlte, entstanden Atome. Als es kälter wurde, konnten die Atome sich vereinigen. Jetzt kam die Materie in die Welt. Erst viel später entstanden die Sterne und Galaxien. Galaxien sind Sternenstädte mit Hunderten von Milliarden Sternen, von denen die meisten sogar Planetensysteme haben. Ihr merkt, dass ich manchmal Dinge sage, die nur sehr schwer oder überhaupt nicht zu verstehen sind. Aber keine Angst, das geht nicht nur euch so, das ist bei Erwachsenen nicht anders. Wenn es um Sein und Nichts geht, kommen wir Menschen manchmal an die Grenzen unseres Denkens.

Für eure Lernbox

* Das Universum hat einen Anfang und es hat eine Entwicklung durchgemacht. Wissenschaftler nehmen an, dass der Urknall vor etwa 15 Milliarden Jahren geschah.
* Der Augenblick, an dem unser Universum begonnen hat, wird die Planckzeit genannt. Die Planckzeit erstreckt sich aber nur über einen ganz minimalen »Zeitraum«. Der wird auch die Elementarzeit genannt. Davor liegt der Zeitnullpunkt. In dieser Winzigkeit, diesem beinahe Nichts, entstand alles! Über diese Ära werden wir nie etwas Gesichertes sagen und wir werden auch nie über die Grenze der Planckzeit blicken können.
* In dieser Zeit war das Universum so heiß, dass sich noch keine Atome bilden konnten.
* Erst nach etwa 300.000 Jahren hatte sich das Universum so weit ausgedehnt, dass es durchsichtig wurde.
* Nach einer Milliarde Jahre haben sich Gaswolken zusammengeballt und Urgalaxien gebildet.

Die Architektur des Universums

Entfernungen im Weltall werden in Lichtjahren gemessen. Das Licht legt in einer Sekunde 300.000 km zurück. Ganz schön schnell! – Ein Lichtjahr entspricht der Entfernung, die das Licht in einem Jahr zurücklegt. Wenn ihr euch die unermesslichen Räume des Kosmos vorstellt, zählen Sterne im Umkreis von 20 Lichtjahren noch zu unserer Nachbarschaft. Verglichen mit Entfernungen auf unserer Erde ist diese Strecke zwar unvorstellbar weit, doch für kosmische Maßstäbe ist das gerade mal um die Ecke. Diese Sterne befinden sich sozusagen noch im gleichen Stadtteil. Unsere Sonne ist für das Licht weniger als 10 Minuten entfernt. Die nächste Sonne ist der 4,3 Lichtjahre entfernte Alpha Centauri. Und unser galaktischer Stadtteil ist, bildlich gesprochen, Teil einer großen Sternenstadt – einer Galaxie (Milchstraße). Die Sterne, die man mit bloßem Auge sehen kann, gehören fast alle zu unserer Heimatgalaxie, der Milchstraße. Das sind mehr als 100 Milliarden Sterne – also Sonnensysteme. Unser Sonnensystem liegt 28.000 Lichtjahre vom Zentrum der Milchstraße entfernt. Die Milchstraße ist eine Spiralgalaxie mit mehreren Armen. Der Arm, in dem sich unser Sonnensystem befindet, heißt Orionarm. In 220 Millionen Jahren dreht sich die Milchstraße einmal um ihre eigene Achse. Eine solche Rotation nennt man ein galaktisches Jahr. Wenn wir uns Bilder einer Spiralgalaxie ansehen, stellen wir fest, dass sich die Arme einer Galaxie schon fast aufgewickelt haben.

Früher glaubten die Astronomen, dass das ganze Universum nur aus unserer Milchstraße bestehen würde. Heute weiß man, dass es außer dieser Milchstraße noch 30 weitere in unserer Nähe gibt. Sie werden durch ihre eigene Schwerkraft zusammengehalten. Eine Gruppe mit Galaxien nennt man ›Lokale Gruppe‹. Unsere lokale Gruppe ist mehrere Millio-

nen Lichtjahre groß. Ihr müsst aber immer daran denken, dass das Licht in einer Sekunde 300.000 km zurücklegt. Aber eine Lokale Gruppe ist nur ein Bruchteil des gesamten Universums. Es gibt mehrere Lokale Gruppen. Sie treiben aber nicht ziellos durch das All, sondern sind durch Schwerkraft aneinander gebunden. Der Supercluster, zu dem auch unsere Lokale Gruppe gehört, hat einen Durchmesser von 150 Millionen Licht-jahren. In Kilometern? Bitte: $1{,}42 \times 10^{21}$ km.

Aber selbst ein Supercluster ist noch nicht das ganze Universum. Es gibt gleich mehrere davon. Jeder Supercluster ist durch einen riesigen Leer-raum von den anderen Superclustern getrennt. Durch moderne Tech-niken können wir auf 13,5 Milliarden Lichtjahre blicken – Licht vom Anfang des Universums.

Für eure Lernbox

Nachbarn im All
* Sterne im Umkreis von 20 Lichtjahren zählen im Maßstab des Universums zu unserer Nachbarschaft.
* In 20 Jahren legt das Licht 190.000.000.000.000 km zurück, das sind $19 \times 10^{15} = 19$ Billiarden Kilometer. Man sollte es nicht glauben, doch die Sonne ist gerade mal ein Gelber Zwerg von durchschnittlicher Größe und Temperatur. Aber genau dieses

Mittelmaß der Sonne macht es erst möglich, dass in ihrem Planetensystem auf einem Planeten Leben entstehen konnte.

* Die der Erde am nächsten gelegene Sonne heißt Alpha Centauri. Alpha Centauri ist ein Dreifach-Sonnensystem.

Die Milchstraße

* Die Sonne ist einer von 100 Milliarden Sternen der Milchstraße. Die Milchstraße ist eine Spiralgalaxie mit mehreren Armen. Unser Sonnensystem liegt im Orionarm der Milchstraße.

* Da sich die Spiralgalaxie der Milchstraße um die eigene Achse dreht, rast unser Sonnensystem mit 220 km/sec. einmal um das Zentrum der Galaxie. Die Milchstraße vollführt in 220 Millionen Jahren eine Umdrehung. Man nennt dies ein kosmisches Jahr.

* Unser Sonnensystem ist 28.000 Lichtjahre vom Zentrum der Galaxie entfernt. Da die Sterne im Inneren der Milchstraße zu eng stehen, ist jede Form des Lebens im Zentrum einer Galaxie ausgeschlossen. Leben ist nur in den Spiralarmen einer Galaxie möglich.

Die Lokale Gruppe

* Früher glaubten die Astronomen noch, dass die Milchstraße das ganze Universum sei. Heute weiß man, dass es außer unserer Milchstraße noch 30 weitere Galaxien gibt. Sie werden von der Schwerkraft zusammengehalten.

* Die Lokale Gruppe, zu der die Milchstraße gehört, misst mehrere Millionen Lichtjahre.

Das Supercluster

* Galaxienhaufen, also Lokale Gruppen, treiben nicht ziellos durchs All. Sie sind durch die Schwerkraft aneinander gebunden. Der Supercluster, zu dem auch unsere ›Lokale Gruppe‹ gehört, hat einen Durchmesser von 150 Millionen Lichtjahren.

Das Universum

* Das gesamte Universum wird durch mehrere Supercluster aufgebaut. Sie sind durch große Leerräume voneinander getrennt. Mit modernster Technik kann man bis in die früheste Zeit der Entstehung des Universums blicken – bis in eine Entfernung von 13,5 Milliarden Lichtjahren.

Die Lichtgeschwindigkeit wird gemessen

Ihr wisst inzwischen, mit welcher Geschwindigkeit das Licht durch das Weltall rast. Doch wie, so fragt ihr euch sicher, kann man die Geschwindigkeit des Lichts messen. Darüber habe ich mir als Kind auch den Kopf zerbrochen. In diesem Zusammenhang muss ich euch etwas von Galileo Galilei erzählen. Das war ein ganz berühmter Astronom im 17. Jahrhundert. Er war sozusagen der italienische Einstein der Renaissance (dieser Begriff bezeichnet in Italien den Übergang vom Mittelalter zur Neuzeit). Dieser schlaue Kopf glaubte, eine praktische Methode zur Lösung dieses Problems gefunden zu haben. Doch lag er mit seinen Versuchen daneben. Er und ein Freund stiegen, jeder mit einer Laterne ausgerüstet, auf zwei Berge, von deren Gipfel aus sie sich sehen konnten. Galilei hatte die Laterne mit einer Lichtblende abgedunkelt. Jedes mal, wenn Galileo seine Laterne scheinen ließ, ließ sein Freund seine Laterne ebenfalls leuchten. Dieses Experiment führte er auf mehreren Bergen durch. Egal wie weit die Gipfel auseinander lagen, das Ergebnis änderte sich nie. Daraus folgerte er, dass die Lichtgeschwindigkeit unendlich sein müsste. Bei genaueren Überlegungen wurde jedoch auch Galilei klar, dass er mit dieser Methode nicht die Lichtgeschwindigkeit, sondern nur die Reaktionsgeschwindigkeit seines Freundes gemessen hat und beendete das Experiment.

Der dänische Astronom Ole Rømer[1] war erfolgreicher. Er beobachtete im gleichen Jahrhundert wie Galilei seit Jahren die Jupitermonde. Zu seinem Erstaunen gab es hier zeitliche Unterschiede zwischen den einzelnen Eklipsen (Verfinsterungen). Da er wusste, dass der Jupiter ständig seine Entfernung zur Erde ändert, schloss er, dass das Licht eine Geschwindigkeit haben muss und es bei einer größeren Entfernung auch länger braucht, bis es die Erde erreicht. Er berechnete eine Zeitdifferenz von 16 Minuten. Da er die Entfernung Jupiters zur Erde kannte, berechnete er eine Lichtgeschwindigkeit von 225.000 km/sec. Das war zwar kein Volltreffer, denn das Licht ist mit 300.000 km/sec. um ein Viertel schneller. Das Ergebnis war aber durchaus bewundernswert, denn nun wusste man, dass das Licht eben doch nicht unendlich schnell ist. Für die Wissenschaft war daher Rømers Messung ein Meilenstein.

Der Franzose Armand-Hippolyte-Louis Fizeau (1819–1896) ermittelte viel später mit einem neuen Messverfahren die Geschwindigkeit

---

[1] Das skandinavische ›ø‹ wird wie ein ›ö‹ ausgesprochen.

des Lichts: 313.000 km/sec. Allerdings beträgt die tatsächliche Lichtgeschwindigkeit[2] 300.000 km/sec. Er schickte einen Lichtstrahl durch die Lücken eines Zahnrads auf einen Spiegel in 9 km Entfernung. Dann stellte er die Rotationsgeschwindigkeit eines zweiten Zahnrads so ein, dass der reflektierte Strahl genau auf einen Zahn traf und daher für einen Beobachter unsichtbar wurde.

Für eure Lernbox

Galilei misst die Lichtgeschwindigkeit

* Galilei und ein Freund stellten sich, mit einer durch eine Blende abgedunkelten Laterne in den Händen, auf zwei gegenüber liegende Hügel, von denen aus sie sich sehen konnten. Jedes Mal, wenn Galileo seine Laterne scheinen ließ, ließ sein Freund ebenfalls seine Laterne leuchten. Er fand heraus, dass, egal von welchem Berg aus er das Experiment durchführte, das Licht immer die gleiche Geschwindigkeit zu besitzen schien. Daher nahm er an, dass die Lichtgeschwindigkeit unendlich sei.

Ole Rømer

* 1675 beobachtete der dänische Astronom (1644–1710) die Bewegung der Jupitermonde. Er maß die Zeit, wenn die Monde hinter Jupiter verschwanden. Zu seinem Erstaunen gab es hier zeitliche Unterschiede zwischen den einzelnen Verfinsterungen. Da er wusste, dass der Jupiter ständig seine Entfernung zur Erde ändert, schloss er, dass das Licht eine Geschwindigkeit haben muss und bei einer größeren Entfernung länger braucht, bis es die Erde erreicht. Aus dieser Zeitdifferenz berechnete Rømer die Lichtgeschwindigkeit. Er kam zu dem Ergebnis, dass das Licht pro Sekunde 225.000 km zurücklegt. Das sind zwar nur ¾ der wahren

Jupiter

t2   t1   Erde

t1 > t2

---

[2] Genau: 299.792,2 (±1,1 m)

Lichtgeschwindigkeit. Für die Wissenschaftsgeschichte war Rømers Ergebnis trotzdem ein Meilenstein.

* Rømer hatte wissenschaftlich nachgewiesen, dass das Licht nicht unendlich schnell ist. Er suchte die Ursache nicht darin, dass die Monde unterschiedlich schnell liefen. Er vermutete von Anfang an richtig, dass für den unterschiedlichen Umlauf die Entfernung Erde – Jupiter verantwortlich war.
* Die Differenz der gemessenen Zeit kommt daher, weil sich Jupiter ständig in einer unterschiedlichen Entfernung von der Erde befindet.

Armand Fizeau vermisst die Geschwindigkeit des Lichts neu

* Er schickt einen Lichtstrahl durch die Lücke eines Zahnrades. Dann stellt er die Rotationsgeschwindigkeit eines zweiten Zahnrades so ein, dass das reflektierte Licht genau auf den Zacken eines Zahnrades trifft. Rechnerisch bestimmt er die Geschwindigkeit des Lichts auf 313.000 km/sec.

Wie Entfernungen im Weltall gemessen werden

Die Messung von Entfernungen ist bei der Erforschung des Weltalls etwas ganz Wichtiges. Die Wissenschaftler haben hierfür viele, oft sehr komplizierte geometrische und mathematische Methoden, die ihr zum Teil nicht einmal in der Oberstufe am Gymnasium lernt. Damit ihr wenigstens eine vage Vorstellung davon bekommt, wie so eine Messung durchgeführt werden kann, will ich euch die sogenannte Parallaxenmethode vorstellen. Die funktioniert vom Prinzip her ganz ähnlich, wie wenn man in der Landschaft Entfernungen misst. Und das könnt ihr selbst einmal ausprobieren, indem ihr in der Landschaft mit ausgestrecktem Arm über den Daumen peilt. Dabei ist wechselweise mal das eine, mal das andere Auge geschlossen beziehungsweise geöffnet und peilt über den Daumen einen Punkt oder Gegenstand in der Landschaft an. Da könnt ihr eine interessante Beobachtung machen: Schaut ihr mit dem linken Auge in die Landschaft, so steht der Daumen an einer anderen Stelle in der Landschaft, als wenn ihr mit dem rechten

Auge peilt, der Daumen scheint hin und her zu springen. Dies heißt Parallaxenmethode. Sie wird auch in der Astronomie verwendet, um die Entfernung nicht zu weit entfernter Sterne zu bestimmen. Die Grafik zeigt das Prinzip der Parallaxenbestimmung in der Astronomie. Nach bestimmten geometrischen Regeln können Wissenschaftler Entfernungen be- rechnen, wenn sie Winkel und Seitenlänge in einem Dreieck kennen. Auf das Weltall übertragen: Im Laufe eines Jahres verändert sich die Position der Erde, wodurch ein angepeilter Stern mal etwas rechts bzw. links zu stehen scheint. Fotografiert man nun den Stern im Abstand von exakt einem halben Jahr, so steht er jedes Mal genau auf der anderen Seite der Umlaufbahn um die Sonne. Durch die Messung des Winkelunterschieds (die sogenannte *Parallaxe*) kann man ohne Schwierigkeit die Entfernung eines Sterns berechnen. Die Parallaxenmethode funktioniert aber nur bei Sternen, die von uns nicht zu weit entfernt sind. Es gibt aber eine noch weiterreichende parallaktische Methode, bei der die Tatsache genutzt wird, dass sich die Milchstraße in rund 240 Millionen Jahren mit einer Geschwindigkeit von 225 km/sec. einmal um sich selbst dreht. Dadurch erhöht sich die Messbasis gewaltig, wodurch auch die Entfernung von weiter entfernten Sternen berechnet werden kann. Aber auch diese Methode lässt sich nur bei sonnennahen Sternen anwenden.

Ein anderes Beispiel, damit ihr euch vorstellen könnt, wie man im Weltall Entfernungen messen kann: Stellt euch mal einen Weihnachtsbaum vor. Alle Kerzen darauf sind üblicherweise sogenannte Standardkerzen. Sie sind nicht nur alle gleich groß, sondern leuchten auch gleich hell. Scheint eine Standardkerze heller, wissen wir, dass sie uns näher sein muss. Dunkler scheinende Standardkerzen sind also weiter von uns entfernt. Ähnlich gibt es im Weltall Sterne mit höchst unterschiedlicher Leuchtkraft: Weiße Zwerge, Braune Zwerge, Rote Riesen und Rote Überriesen. Es gibt aber auch eine Gruppe von Sternen, die stark in ihrer Helligkeit schwankt. Es sind pulsierende Sterne, also Sterne, die regelmäßig heller und dunkler werden. Wenn sie ihre maximale Helligkeit besitzen, sind sie sogenannte Standardkerzen oder Cepheiden. In ihrer hellsten Phase sind sie immer gleich hell. Wenn sie in ihrer hellsten Phase etwas dunkler sind als andere Cepheiden, dann kann man davon ausgehen, dass sie auch weiter entfernt sind.

19

Nochmal zurück zum Beispiel mit dem Weihnachtsbaum: Von einem Berg aus könnt ihr verschiedene Dörfer sehen, vor deren Kirche je ein Weihnachtsbaum steht. Damit der Wind die Kerzen nicht ausblasen kann, besitzen alle Weihnachtsbäume die gleichen Elektrokerzen mit einer Leuchtstärke von je 20 Watt. Betrachtet ihr die Weihnachtsbäume in den verschiedenen Dörfern, könnt ihr einen Unterschied in der Helligkeit bemerken. Mit einem Lichtmessgerät könnt ihr den Unterschied messen. Je heller unsere »Weihnachts-Cepheiden« sind, desto näher ist der Weihnachtsbaum. Unsere Standardkerzen eignen sich daher ideal zur Entfernungsmessung. Da es in jeder Galaxie diese Cepheiden gibt, können wir ihre Entfernung auch ziemlich genau abschätzen.

Für eure Lernbox

Parallaxenmethode

* Da die Erde im Abstand von sechs Monaten die entgegengesetzte Position auf ihrer Bahn um die Sonne erreicht hat, ist es aufgrund der Winkelneigung möglich, die Entfernung eines Sterns zu messen. Bei weit entfernten Sternen versagt allerdings die Methode, da die beiden Winkel zu klein werden und sich Messfehler dramatisch auswirken.

* Es gibt aber noch eine andere Parallaxenmethode, die eine tiefere Messung ins All zulässt. Da sich die Erde und das gesamte Sonnensystem mit der Heimatgalaxie um ein galaktisches Zentrum drehen, bewegt sie sich mit einer Geschwindigkeit von 225 km/sec. durchs Weltall.

Cepheiden

* Cepheiden sind Sterne, die in regelmäßigem Rhythmus ihren Radius, ihre Temperatur und ihre Helligkeit ändern. Ein Wechselspiel zwischen Druck und Massenanziehung führt dazu, dass sich der Stern fortwährend ausdehnt und wieder zusammenzieht, wie ein Pendel mit fester Periodendauer. Im Moment der höchsten Bewegung (am Gleichgewichtspunkt) strahlt der Stern am meisten Licht ab.

✳ Durch Messung seiner Helligkeit hat sich gezeigt, dass eine Beziehung zwischen Periodendauer und Leuchtleistung besteht. Kennt man diese, kann man durch Messung der Helligkeit auf die Entfernung des Sterns rückschließen. In der Astronomie ist dies eine sehr wichtige Methode zur Bestimmung sehr weit entfernter Galaxien.

Quelle: www.uni-sw.gwdg.de/~hessman/MONET/AstroKiste/Sterne/ Cepheiden/docs/ CepheidenArbeitsBlatt.doc

Das grenzenlose Universum

Der Weltraum ist groß, verdammt groß. Du kannst dir einfach nicht vorstellen wie groß, gigantisch, wahnsinnig riesenhaft der Weltraum ist.

Douglas Adams[3]

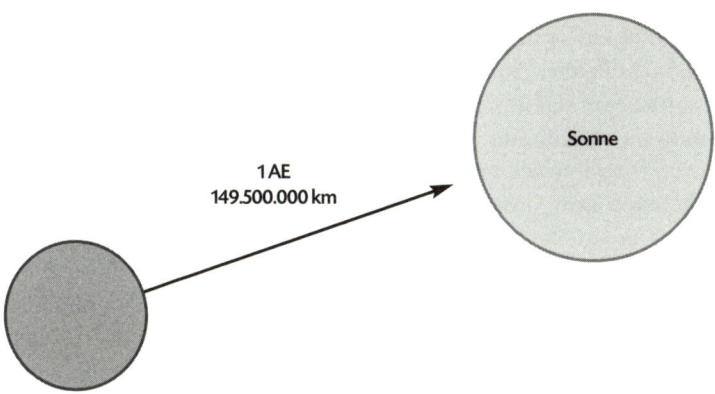

Was meint ihr, wie weit ihr mit bloßen Augen sehen könnt? Stellt euch einmal vor, ihr steht auf dem Himalaja. Von dort oben aus kann man Wolken sehen, die 250 km weit entfernt am Himmel stehen. Wegen der Erdkrümmung können wir nicht weiter blicken. Das weiteste über-

---

[3] The Hitchhiker's Guide to the Galaxy

haupt, was wir am Tag sehen können, ist die Sonne. Sie ist 150.000.000 km, oder 8½ Lichtminuten von der Erde entfernt. Wirklich weit sehen können wir aber erst in der Nacht, wenn es ganz dunkel ist. Denn die Sterne sind viel weiter weg, als unsere Sonne. Wir sehen bei Nacht Himmelskörper, die Millionen Lichtjahre von uns entfernt sind. Ihr müsst euch klar machen, wie weit das wirklich ist. Das Licht legt in der Sekunde etwa 300.000 km zurück. Das Licht der Sonne durchquert unser Sonnensystem schon in wenigen Stunden. Dahinter fängt das Universum erst richtig an. Unsere nächsten Nachbarsterne sind bloß 4,3 Lichtjahre von uns entfernt. Es sind dies die Doppelsterne Alpha [α] und Beta [β] Centauri. In kosmischen Distanzen ist selbst dies immer noch recht nah. Wir können diese Sterneninsel, die etwa 300 Milliarden Sterne beherbergt, noch mit bloßem Auge sehen – als verwaschenen kleinen Lichtfleck. Hier ist dann aber endgültig Schluss. Weiter können wir mit bloßem Auge nicht sehen.

Ihr habt sicher schon gemerkt, dass wir bei unseren Spaziergängen durch das Weltall immer wieder an die Grenzen unserer Vorstellung kommen. Ständig treffen wir auf etwas, das wir nicht so recht verstehen und begreifen können. Dies gilt auch für uns Erwachsene. Manchmal helfen Beispiele und Modelle, um uns die wirkliche Größe des Universums vorstellen zu können. Versucht es doch mal. Ihr stellt euch die Entfernung von 10 mm vor und denkt euch, dass das im Weltraum 1.000.000 km sind. Ein Zentimeter entspricht in diesem Modell einer Million Kilometer. So ein Modelluniversum ist überschaubar und die Distanzen werden in Größen eingeordnet, die wir uns vorstellen können. In diesem Maßstab wäre die Sonne so groß wie eine Murmel von 14 mm Durchmesser. Bei diesem Maßstab lassen sich die Entfernungen leicht übertragen. Unsere Erde wäre in diesem Modell nur 0,12 mm groß und 1,5 m von der Sonne entfernt, und der Mond wäre mit 0,03 mm zu klein, um noch sichtbar zu sein. Pluto, der ehemals äußerste Planet unseres Sonnensystems, wäre in unserem Modell 60 m von der Sonne entfernt. Der uns am nächsten liegende Stern, Alpha Centauri, läge in unserem Modelluniversum bereits 410 km von uns entfernt. Die anderen Sterne wären Murmeln, die voneinander so weit entfernt lägen, wie die Hauptstädte der Welt voneinander liegen.

Bei dieser Größenordnung wird uns schlagartig bewusst, dass wir wahrscheinlich nie ein anderes Planetensystem erreichen werden. In unserem Modell würden Raumsonden an einem Tag gerade mal 1 cm zurücklegen. Bei dieser Geschwindigkeit würde eine Raumsonde 80.000 Jahre unterwegs sein, um unser am nächsten gelegenes Sternensystem zu erreichen.

Für eure Lernbox

Das Sonnensystem als Modell

* Gehen wir einmal davon aus, dass die Sonne so groß wie eine Kirsche wäre (14 mm). In diesem Maßstab entsprechen 10 mm im Modell 1.000.000 km in der Realität. In dem Größenverhältnis wäre die Erde 1,5 m von der Sonne entfernt. Die Erde wäre in diesem Maßstab nur 0,12 mm groß, und unser Mond wäre dann nur ein 0,03 mm großes Staubkorn in 3,8 mm Entfernung.

Nun versucht mal zu schätzen, wie weit der nächste Stern, Alpha Centauri, in diesem Modell entfernt wäre.

* In der Realität sind es »nur« 4,3 Lichtjahre oder 41.000.000.000.000 km (= 41 Billionen), was 410 km in unserem Modell entspricht. Von Göttingen aus gesehen liegt der nächste Stern irgendwo bei München. Die anderen Nachbarsterne wären Kirschen in den Hauptstädten Europas.

* Wie lange würde ein Flug zu den nächsten Sternen dauern? Die Voyager Raumsonden würden etwa 20.000 Jahre brauchen, um ein Lichtjahr zurückzulegen. Es würde also ca. 80.000 Jahre dauern, bis sie Alpha Centauri, der nicht auf ihrem Kurs liegt, erreichen.

Reise bis an den Rand der Zeit

Bis hin zum Mond ist unser Weltall relativ überschaubar. Der Mond ist von der Erde 384.000 km entfernt und somit unser nächster Nachbar im Weltraum. Er ist der einzige Himmelskörper, der von Menschen bisher betreten wurde. Ein Lichtstrahl benötigt für diese Entfernung 1,28 Sekunden.

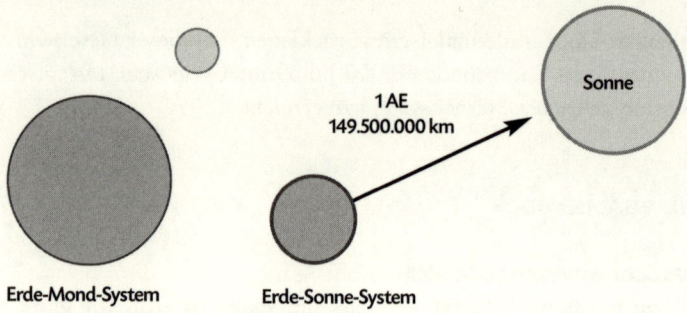

Erde-Mond-System

1 AE
149.500.000 km

Sonne

Erde-Sonne-System

Nun machen wir einen Schritt weiter und wenden uns der Sonne zu. Die Erde trennen 149.500.000 km von unserem Zentralgestirn, der Sonne. Diese markante Entfernung zwischen Sonne und Erde wird als eine Astronomische Einheit – AE – bezeichnet. Diesen Begriff sowie die Abkürzung solltet ihr euch merken. Ein Lichtstrahl durcheilt die Strecke einer AE in 8 min 30 s. Verglichen mit dem Mond ist die Sonne 389 Mal weiter von der Erde entfernt.

Bleiben wir zunächst in unserem Sonnensystem. Die Erde ist ja nicht der einzige Planet, der unsere Sonne umkreist. Unvorstellbar weit draußen zieht als letzter Planet Pluto seine Bahn um die Sonne. Er ist 30 AE von der Sonne entfernt, das sind 4,5 Mrd. km. Das geht schon deutlich über unsere Vorstellungskraft hinaus. Das Sonnenlicht ist 4 Stunden (h) 10 Minuten (min) unterwegs, bis es Pluto erreicht.

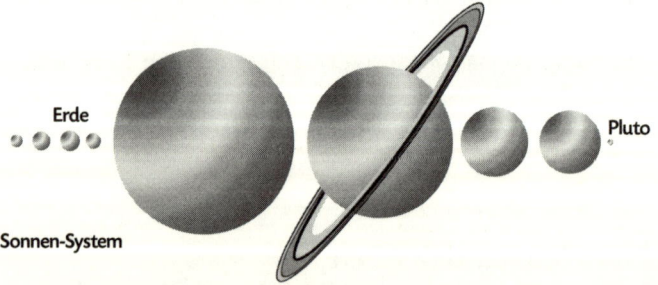

Erde

Pluto

Sonnen-System

Bei den nächsten Ausflügen ins Weltall wird es noch anstrengender. Denkt euch um unser Sonnensystem herum mal eine unvorstellbar große Glaskugel, in der nichts drin ist, außer unser Sonnensystem in der Mitte. Nun stellt euch vor, dass der Mittelpunkt vom Kugelrand (= Radius) 206.265 AE (Astronomische Einheiten) entfernt ist. Diese neue Maßeinheit ist ein Parsec oder 3,26 Lichtjahre. Könnt ihr euch vorstellen, dass wir in diesem riesigen Raum keinen einzigen Stern finden.

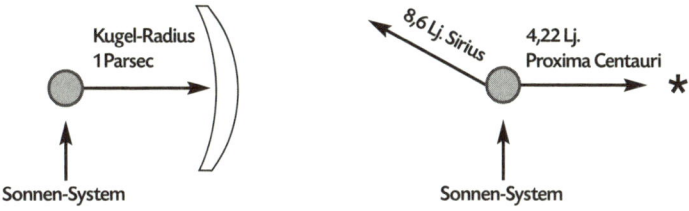

Erst in 4,22 Lichtjahren (Lj.) begegnet uns der nächste Stern, Proxima Centauri, und noch entfernter der berühmte Stern Sirius. In einem so unvorstellbar großen Raum mit einem Radius von etwa 10 Lj. befinden sich nur eine Handvoll Fixsterne. Das Weltall beginnt so richtig erst dahinter – könnte man sagen.

Und jetzt weiten wir unseren Blick ins Weltall noch ein Stück. Wir blicken aus dieser gedachten Glaskugel weiter ins Universum. Nach unserem Sonnensystem mit unserer Sonne, den Planeten und den dazugehörenden Monden ist die nächst größere kosmische Einheit unsere Milchstraße. Ich sage »unsere«

Unsere Milchstraße   Unser Sonnen-System

Milchstraße, weil es nämlich noch unendlich viele andere Milchstraßen ganz, ganz weit von uns entfernt gibt. Schaut euch die Skizze an: So ähnlich sieht unsere Milchstraße von außen betrachtet aus. Circa 30 Lj. entfernt vom Zentrum unserer Milchstraße, auf einem Spiralarm, ist unser Sonnensystem angesiedelt. Aus dieser Entfernung wirkt es nur noch wie ein Staubkorn. Die Galaxie (= Milchstraße) besitzt einen Durchmesser von 100.000 Lj. und besteht aus Sternenhaufen, Gasnebeln sowie 100 Milliarden (Mrd.) Sternen.

Wir sind noch lange nicht am Ende des Weltalls angekommen. Wenn wir von unserer Milchstraße weg weiter ins Universum schauen, stößt unser Blick in einer Distanz von 160.000 bis 190.000 Lj. auf die Magellanschen Wolken, zwei kleine Galaxien (Milchstraßen). Bereits tief im Raum liegt noch weiter weg die große Andromeda-Galaxie. Von dieser Welteninsel ist das Licht 2,5 Millionen Lichtjahren zu unserem Planeten unterwegs. Diese Angaben sprengen bei weitem jegliche menschliche Vorstellungskraft.

Und wenn ihr eure Vorstellungskraft noch weiter strapazieren wollt: Nach einer Entfernung von 45 Millionen Lichtjahren treffen wir auf den sogenannten Virgo-Haufen, einer Ansammlung von mehr als 2600 Galaxien. Und nochmals bedeutend weiter entfernt findet sich der Co-ma-Haufen, seine Entfernung beträgt 300 Millionen Lichtjahre. Diese und viele andere Galaxien gehören zu der Lokalen Gruppe.

Die entferntesten bekannten Objekte im Universum sind die Quasare. Dieser Name kommt aus dem Englischen und setzt sich aus den Worten »*quasistellar radio source*« zusammen.
Die Grenze unseres Wissenshorizonts bilden Quasare in einer über 10 Milliarden Lichtjahre betragenden Entfernung von unserem Staub-korn Erde. Kann man sich vorstellen, wie weit 10 Milliarden Lichtjahre entfernt sind? Unvorstellbar! Doch auch danach ist das Universum nicht zu Ende, wie diese Scherz-Zeichnung behauptet.

Bild © Sternwarte Singen

Jetzt wollt ihr sicher wissen: Und was kommt dann? Worin befindet sich eigentlich das gesamte uns bekannte Universum? Ist es einmalig oder existieren mehrere Universen?
Vielleicht ergeht es uns wie einem Käfer, den man auf eine Kugel setzt. Sein ganzes Leben kann dieser Käfer auf der Kugel krabbeln und kommt niemals an eine Begrenzung. In seiner Wahrnehmung ist die Kugel-Welt unendlich groß.

Bild © Sternwarte Singen

Dunkle Materie

Ihr merkt, dass unser Verstehen nicht ausreicht, um das alles zu ergründen, selbst wenn uns die Astronomen immer wieder von ihren tollen Erkenntnissen berichten. Denen geht es auch nicht anders.

Bild © NASA

Unser Leben, unser Dasein hängt in der Tat von etwas Geheimnisvollem ab.

Seit einiger Zeit ist die Astronomie auf noch etwas Geheimnisvolles gestoßen, von dem die Wissenschaftler nur wissen, dass es dieses ›Irgendwas‹ geben muss. Die Astronomen nennen es die dunkle Materie, oder »The Dark Matter«. Der Astrophysiker Franz Zwicky kam darauf. Als er in den 1930er Jahren berechnete, wie viel Materie dazu benötigt würde, damit genügend Schwerkraft entsteht, um eine Galaxie zusammenzuhalten, war das Ergebnis höchst verwirrend. Zwicky fand heraus, dass die Masse einer Galaxie überhaupt nicht genügend Materie besitzt, um eine Galaxie zusammenhalten zu können, da sich die Galaxien viel zu schnell drehen. Irgendetwas anderes, was für die Astronomen nicht sichtbar ist, muss da sein und die Galaxien zusammenhalten.

Um das Problem besser verstehen zu können, muss ich etwas weiter ausholen. Ihr erinnert euch, dass alle Körper im Weltall aufeinander eine Anziehungskraft ausüben. Das nennt man »Gravitation«. Ihr braucht ja nur einen Stein in die Hand zu nehmen. Wenn ihr den von der Hand runter rollen lasst, fällt er zur Erde. Warum? Wegen der Gravitation der Erde, weil die Erde auf ihn eine Anziehungskraft ausübt. Ebenso übt sie auf Gegenstände weiter weg Anziehungskraft aus, zum Beispiel auf ein Flugzeug. Auch auf den Mond, der ja schon ziemlich weit von der Erde weg ist, übt sie Anziehung aus. Außer der Schwerkraft, der Gravitation, wirkt im Weltall die Gegenkraft, Zentrifugalkraft genannt. Wie die funktioniert, habt ihr alle schon mal erlebt, wenn ihr auf einem Karussell gesessen seid. Wenn sich das Karussell dreht, werdet ihr von der Mittelachse weggeschleudert und nur durch die Ketten festgehalten. Diese beiden Kräfte sind es, die unser Sonnensystem einigermaßen stabil halten. Die Sonne besitzt eine so starke Gravitationskraft, dass sie alle ihre neun Planeten auf Kurs hält – sogar die Oortsche Wolke.

Würden die Planeten nicht von der Anziehungskraft der Sonne festgehalten, würden alle Planeten durch die Zentrifugalkraft ins Weltall hinaus geschleudert. Die Anziehungskraft und die Zentrifugalkraft halten sich aber die Waage. Galaxien drehen sich wie riesige Karussells. Unser Sonnensystem, das sich in einem Spiralarm unserer Milchstraße befindet, umkreist das Zentrum der Milchstraße mit einer Geschwindigkeit von 225 Kilometern pro Sekunde. Von diesem Tempo bemerken wir hier in unserem Zimmer überhaupt nichts. Für eine Drehung um sich selbst benötigt die Milchstraße rund 237 Millionen Jahre. Eine Umdrehung der Galaxie nennt man ein galaktisches Jahr.

Wenn ein Auto mit zu hoher Geschwindigkeit in eine Kurve fährt, wird es hinausgeschleudert. Da die Milchstraße mit einer Geschwindigkeit von 324.000 km/h durchs Weltall rast, müssten alle Sterne davongeschleudert werden. Doch irgendeine Kraft verhindert das. Kraft kommt von Materie. Das wisst ihr inzwischen. Die Wissenschaftler können nur rückschließen auf eine Kraft, die sie nicht kennen. Darum nennen sie diese »schwarze Materie«. Mittlerweile weiß man, dass sich unzählig viele weiße Zwerge in den Galaxien befinden. Weiße Zwerge sind sterbende Sterne, die nicht so groß waren, um als Rote Riesen zu enden. Da sie fast allen Brennstoff verbraucht haben, leuchten sie nur noch schwach und strahlen nur noch wenig Energie ab. Sie sind nun praktisch unsichtbar. Sollte sich die Vermutung bestätigen, könnten diese Weißen Zwerge zumindest teilweise eines der größten Rätsel der Astronomie lösen: die Beschaffenheit der Dunklen Materie. Nach den bisherigen Forschungsergebnissen könnte die dunkle Materie zu großen Teilen aus Weißen Zwergen bestehen. Doch um ehrlich zu sein, man weiß es nicht. Wir wissen nur, Galaxien halten zusammen, woher aber die ausreichende Kraft kommt, die sie zusammenhält, das wissen wir nicht.

Weiterhin müsst ihr euch erinnern, dass die Stärke der Gravitationskraft vom Gewicht des Gegenstands abhängt. Wenn ihr eine leichte Feder nehmt, schwebt die ganz langsam auf den Boden, die Kraft ist also nicht so stark; ein schwerer Stein dagegen ist zack unten.

So absurd das klingen mag, doch diese Annahme ist falsch. Die Feder sinkt langsam auf die Erde, weil die Luft sie trägt. Der Astronaut Dave Scott ließ während der Apollo-15-Mission vor der TV-Kamera einen Hammer und eine Schwanzfeder eines Falken gleichzeitig fallen. Beide Gegenstände landeten anschließend gleichzeitig auf dem Mondboden. Vor 400 Jahren hatte Galileo Galilei angeblich Kanonenkugeln und Schrotmunition vom schiefen Turm zu Pisa gewuchtet. Dabei soll ihm die entscheidende Erkenntnis gekommen sein: Jeder Gegenstand, unabhängig von Material und Größe, fällt gleich schnell zu Boden. Eben diesen Versuch wollen Dittus und seine Leute in Bremen wiederholen. Dieses Äquivalenzprinzip hat Einstein für seine Theorie zur fundamentalen Hypothese erhoben. Darauf basiert die ganze Theorie.

Für eure Lernbox

* Von der »Dunklen Materie« wissen wir nur, dass es sie geben muss. Die Astronomen nennen sie »Dark Matter«. In den dreißiger Jahren des 20. Jahrhunderts berechnete der Astrophysiker Fritz Zwicky mit Hilfe der Rotverschiebung die Rotationsgeschwindigkeit von Galaxien. Dabei stellte er fest, dass sich die Galaxien mit einer Geschwindigkeit von 324.000 km/h um ihr Zentrum drehen. Bei dieser Geschwindigkeit müssten durch die Zentrifugalkräfte alle Sterne hinaus ins All geschleudert werden. Doch irgendeine Materie entwickelt so starke Gravitationskräfte, dass die Galaxie zusammenhält. Da diese geheimnisvolle Materie aber nicht sichtbar ist, nannten die Astronomen sie »Dark Matter«.
* Wenn ein kleiner bis mittelgroßer Stern all seinen Brennstoff verbraucht hat und keine Energiequelle mehr besitzt, kühlt er immer weiter ab. Letztlich würde er sich zu einem »Schwarzen Zwerg« entwickeln, indem seine gesamte Sonnenmasse zur Erdgröße zusammengeschrumpft ist. Schwarze Zwerge kann es aber im Universum noch nicht geben, denn dafür ist es noch nicht alt genug.
* Es gibt auch den Erklärungsversuch, dass die dunkle Materie aus ›normaler‹, d.h. baryonischer Materie besteht, aufgebaut aus Protonen und Neutronen, also großen Steinen, sogen. MACHOS [Massive Compact Halo Objects].
* Für einen weit entfernten Beobachter wären alle Planeten unseres Sonnensystems dunkle Materie, weil sie nicht leuchten und deshalb aus der Entfernung unsichtbar sind!

Schwarze Löcher

Außer der geheimnisvollen »Schwarzen Materie« gibt es noch die ebenso geheimnisvollen »Schwarzen Löcher« im Universum. Schwarze Löcher sind wie gefräßige Ungeheuer des Universums. Obwohl man sie nicht sehen kann, existieren sie dennoch. Auf ihr Vorhandensein kann man nur indirekt schließen, indem man sich ihre Umgebung genau betrachtet. Ein Schwarzes Loch ist ein Objekt, an dessen Oberfläche die Schwerkraft so stark ist, dass nichts, aber auch gar nichts mehr den »Ereignishorizont« verlassen kann – so bezeichnen die Astronomen den gefräßigen Schlund eines Schwarzen Loches. Die Anziehungskraft ist so gewaltig, dass ihm nicht einmal mehr Licht entfliehen kann. Bevor Materie im Schlund eines schwarzen Lochs verschwindet, strahlt es noch einmal auf und ein gewaltiger Energieausbruch verrät die Existenz eines schwarzen Loches.

Bild © NASA

Jede Galaxie besitzt ihr Schwarzes Loch. Die Astronomen vermuten im Zentrum unserer Milchstraße sogar ein supermassereiches Schwarzes Loch, das an der Stelle liegt, wo man den Hauptstern des Sternbilds des Schützen am Himmel beobachten kann. Der Hauptstern des Sternbilds des Schützen wird auch Sagittarius A genannt, das galaktische Zentrum. Die Sonne wandert von Ende Dezember bis Ende Januar durch dieses Sternbild, weshalb das Sternbild des Schützen nur im Sommer zu sehen ist. Dort verbirgt sich das Schwarze Loch. Leider kann man es von der Erde aus nicht sehen, da es hinter interstellarem Gas und Staub verborgen liegt.

Müssen wir Angst vor diesen kosmischen »Monstern« haben? Werden sie irgendwann unser Sonnensystem mit allen Planeten schlucken? Wie weit ist dieses Ungeheuer von uns entfernt? Das Zentrum unserer

Milchstraße ist 25.000 Lichtjahre von uns entfernt. Und da Schwarze Löcher quasi durch das All schlendern, wird es noch sehr lange dauern, bis es den Arm unserer Milchstraße erreicht haben wird. Auch haben schwarze Löcher eine begrenzte Lebensdauer. Durch die sogenannte »Hawking-Strahlung« verliert ein Schwarzes Loch an Masse. Allerdings dauert auch dieser Prozess mehrere Milliarden Jahre – und er vollzieht sich nur, wenn das Schwarze Loch quasi verhungert.

Für eure Lernbox

Was sind Schwarze Löcher und wie entstehen sie?

* Schwarze Löcher sind Punkte im Weltraum, in denen die Gravitation so stark ist, dass selbst das Licht diese Bereiche nicht mehr verlassen kann. Schwarze Löcher sind eine Folge der Sternentwicklung.
* Massearme Sterne (z.B. unsere Sonne) beenden ihr Leben auf unspektakuläre Weise. Wenn sie all ihren Wasserstoff verbrannt haben, blähen sie sich zu Roten Riesen auf und sie *kollabieren* dann zu einem sogenannten Weißen Zwerg, d.h. sie fallen in sich zusammen.
* Ein großer massereicher Stern beendet sein Leben in einer Supernova, das ist eine riesige Sternenexplosion.
* Danach kollabiert die gesamte Sternenmasse zu einem Schwarzen Loch, das eine so große Schwerkraft besitzt, dass nicht einmal Licht aus ihm entfliehen kann.

Wie kann man trotzdem von der Existenz von Schwarzen Löchern wissen?

* Bei ihrem Sturz in ein Schwarzes Loch erhitzt sich kurz vor dem Verschwinden die Materie noch einmal und wird so heiß, dass sie sichtbar wird.
* Wenn ein Schwarzes Loch Materie verschlingt, strahlt diese noch einmal auf und verrät so seine Existenz.
* Gehört ein Schwarzes Loch einem Doppelsternsystem an, wird es seinem Partner zuerst die Gashülle wegreißen und ihn anschließend völlig verschlingen. Da Schwarze Löcher sehr massereich sind, besitzen sie eine unvorstellbare Schwerkraft. Dadurch bilden sie eine *Gravitationslinse*, die sogar das Licht verbiegt.

Ein schwarzes Loch in unserer Milchstraße

* Astronomen am Garchinger Max-Planck-Institut für extraterrestrische Physik haben aufgrund der Bewegung der Sterne um das Zentrum der Milchstraße eine Masse von rund 3,4 Millionen Sonnenmassen für das zentrale Schwarze Loch ermittelt.

* Astronomen haben im Sternbild Sagittarius in einer Entfernung von 25.000 Lichtjahren von unserem Sonnensystem ein supermassereiches Schwarzes Loch entdeckt. Da es soweit von uns entfernt ist, wird es allerdings unserem Sonnensystem nie gefährlich werden können.

Die Milchstraße lebt!

Damit ihr euch nicht weiter unauffindbar im Universum fühlen müsst, hier unsere intergalaktische Adresse: Galaxie: Milchstraße, Sonnensystem, Planet Erde, Europa, Deutschland, Postleitzahl und Wohnort, da wo der Pfeil im Bild ist. Jetzt fehlt nur noch der außerirdische Brieffreund. Bei solchen Gedankenspielen drängt sich die Frage auf, ob es eigentlich Leben

Bild © NASA

im Universum gibt. Sichere Kenntnis davon haben wir nur hier auf der Erde! Hier befindet sich das Leben sogar auf einer hohen Stufe.

Die Frage, ob es auf anderen Planeten in anderen Galaxien auch intelligente, vielleicht menschenähnliche Wesen gibt, hat die Phantasie der Menschen schon immer angeregt. Douglas Adams lässt in seiner intelligenten Weltraumposse »Per Anhalter durch die Galaxis« auch Teaser [tiser] auftreten. Teaser sind die verwöhnten kleinen grünen Weltraumkids, die aus Blödsinn in irgendeiner gottverlassenen Gegend mit ihren UFOs landen und sich einem armen Schlucker zeigen. Der dumme Kerl erzählt dann prompt aller Welt, dass er Außerirdische gesehen habe und macht sich dabei fürchterlich lächerlich.

Die Fans von »Star Wars« und »Star Treck« sind fest davon überzeugt, dass es im Weltraum von Leben nur so wimmelt. Unsere Galaxie

scheint für sie prall gefüllt mit Leben.
In der Milchstraße gibt es über 400
Milliarden Sonnen. Trotzdem gibt
es Gründe dafür, dass es menschenähnliche Wesen im All wohl kaum gibt. In den
vielen Milliarden Sonnensystemen gibt es vermutlich nur höchst selten
erdähnliche Planeten. Ein belebter Planet muss die richtige Entfernung
zum Mutterstern haben. Ist er zu nahe bei seiner Sonne, wird er zu
heiß (Venus). Ist er zu weit von der Sonne entfernt, bleibt er zu kalt
(Mars). Es gibt nur eine schmale grüne Zone, die höheres Leben zulässt, und genau in dieser Bahn befindet sich die Erde. Auch muss das
heimatliche Zentralgestirn die richtige Größe haben. Ist die Sonne zu
groß, verbrennt sie ihren Brennstoff zu schnell, d.h. sie existiert nicht
lange genug, damit sich auf einem ihrer Planeten Leben entwickeln
kann. Wir kennen diesen Effekt vom Lagerfeuer. Je größer der Haufen
Brennmaterial ist, desto schneller brennt das Feuer nieder. Unsere Sonne hat eine Lebenszeit von etwa 10 Milliarden Jahren. Das ist genügend Zeit, damit sich Leben entwickeln kann. Dann braucht der Planet
noch einen flüssigen Kern, damit ein Magnetfeld entstehen kann, das
die tödlichen Sonnenpartikel abschirmt. Ein großer Mond in der richtigen Entfernung stabilisiert die Neigung der Erdachse. Auch müssen
die richtigen Prozesse während der entwicklungsgeschichtlichen Vorgänge abgelaufen sein. Das alles lässt es als wahrscheinlich erscheinen,
dass innerhalb unseres Sonnensystems höheres Leben nur auf der Erde
möglich ist. Um uns herum ist es sicherlich sehr einsam. Die belebte
Erde ist etwas ganz Großartiges im Universum, und dieser Planet wurde uns anvertraut.

Für eure Lernbox

Die richtigen kosmischen Bedingungen für die Entstehung von Leben
Damit Leben in einem Sonnensystem entstehen kann, müssen
sehr viele Bedingungen stimmen:

* Die meisten Galaxien sind zu jung, und es konnten noch keine
  erdähnlichen Planeten mit genügend Eisengehalt entstehen.

* Zu nahe stattfindende Supernova-Explosionen zerstören beginnendes Leben.
* Obwohl Kugelsternhaufen über 1 Million Sterne besitzen, sind sie zu arm an Metallen, um erdähnliche Planeten hervorbringen zu können.
* Sterne von der Größe der Sonne haben sich bereits zu Roten Riesen entwickelt und sind daher zu heiß, um Leben auf den Planeten entstehen zu lassen.
* Ein Planet, auf dem sich Leben entwickeln soll, muss sich an der richtigen Stelle im Sonnensystem befinden. Ist er zu nahe am Zentralgestirn, droht er zu heiß zu werden.
* Auch droht ihm, dass er seine eigene Rotation verliert (Mond) und immer die gleiche Seite beschienen wird.
* Das Zentralgestirn darf nicht zu viel UV-Licht abstrahlen.
* Auch muss der Stern bereits alt genug sein.
* Ein Planet, auf dem sich Leben entwickeln soll, benötigt einen Großplaneten in richtiger Entfernung, der Kometen und Asteroiden abfangen kann. Ist der allerdings zu nahe, stört er zu sehr den Orbit um die Sonne.
* Für höheres Leben braucht er genau die richtigen Umweltbedingungen.
* Er braucht die exakten Temperaturen, dass sich genügend flüssiges Wasser an der Oberfläche befindet.
* Um sich vor den tödlichen Sonnenpartikeln zu schützen, muss der Planet ein Magnetfeld haben.
* Ein genügend großer Mond stabilisiert die Erdachse.
* Die Erdachse benötigt die richtige Neigung zur Sonne, damit die Jahreszeiten nicht zu extrem werden.

Die richtigen Bedingungen auf dem Planeten

Auch auf dem Planeten, auf dem Leben entstehen soll, müssen die richtigen Bedingungen bestehen.

* Der Planet muss die richtige Verteilung von Land und Meer haben.
* Große Asteroideneinschläge dürfen nur ein seltenes Ereignis sein.
* Der Planet benötigt die richtige chemische Zusammensetzung.

* Ein zu hoher Schwefelgehalt der Erdkruste würde die Entstehung höherer Lebensformen unmöglich machen.
* Richtige Zusammensetzung der Atmosphäre. Die Atmosphäre benötigt den richtigen Druck.
* Bei einem zu großen Planeten wäre die Anziehung zu stark.

Nur auf der Erde stimmen die Parameter für Leben genau, weshalb wir davon ausgehen können, dass höheres Leben im irdischen Sinn im Universum extrem selten vorkommt.

2. Oben der Himmel und unten die Erde: Was haben die Menschen früherer Zeiten über das Weltall gewusst?

Ist die Erde der Mittelpunkt des Universums? – Astronomie in der Antike und im Mittelalter

Ihr wisst jetzt schon eine ganze Menge über das Weltall und was darin vorgeht. Vieles davon ist Ergebnis neuerer und neuester astronomischer Forschungen. In früheren Zeiten hatten die Menschen ganz andere Vorstellungen vom Weltall. Ihr müsst euch vorstellen, dass es da noch keine Fernrohre und sonstige technische Geräte gab. Die Menschen waren auf das angewiesen, was sie mit den Augen sehen konnten. Was man mit eigenen Augen sehen kann, kann man auch getrost glauben, so dachten die Menschen, wenn sie zum Himmel empor schauten. Die Sonne, der Mond und alle Sterne gehen im Osten auf und im Westen unter. Also – steht die Erde im Mittelpunkt des Universums. Schon der griechische Philosoph Aristoteles war davon felsenfest überzeugt, dass er mit dieser Erkenntnis Recht hatte. Für die christlichen Theologen später machte diese Vorstellung ebenfalls Sinn. Ein Schöpfergott hatte die Erde und die anderen Planeten erschaffen, dieses Uhrwerk angestoßen (*Primum Mobile*) und alle Planeten und Sterne umkreisen für alle Ewigkeit die Erde. Dies nennt man das geozentrische Weltbild. Es kommt von dem griechischen Wort »gaia« für Erde.

Im Jahre 130 n.Chr. gab Ptolemäus dieser Vorstellung noch den letzten Schliff und fügte für einige Planeten Pirouetten ein, da manche Planeten Kreisbahnen zu ziehen schienen. Die Kirche hat später diese Vorstellung übernommen, denn sie schien sich am besten mit den Darlegungen in der Heiligen Schrift zu vertragen. Diese Festlegung auf das ptolemäische Weltbild hat der Kirche immens geschadet, denn das geozentrische Weltbild ist falsch. Inzwischen wisst ja auch ihr viel besser, dass die Erde eben nicht der Mittelpunkt des Kosmos ist.

Bereits im 15. Jahrhundert bezweifelte Kopernikus, dass alle Himmelskörper wirklich um die Erde kreisen und sie der Mittelpunkt des

Universums sei. Als Mitglied des Klerus waren ihm die rigiden Methoden der Kirche bekannt, mit Erkenntnissen umzugehen, die von der kirchlichen Lehre abwichen. Deshalb war er gut beraten, seine Erkenntnisse für sich zu behalten. Erst wenige Monate vor seinem Tod im Jahre 1543 veröffentlichte er seine Schrift über ein neues Weltbild: Nicht das Universum umkreist die Erde, sondern sie ist selbst ein Himmelskörper, der mit den anderen Planeten die Sonne umkreist. Listigerweise widmete er sein Werk, in dem er seine Gedanken zu einem neuen Weltbild beschrieb, dem damaligen Papst Paul III. Damit hatte Kopernikus die Erde aus dem Mittelpunkt des Universums genommen und sie zu einem Himmelskörper unter vielen gemacht. Seine Vorstellung vom Universum war allerdings noch eine Mischung aus modernen und alten Elementen. Er hielt noch an der alten Vorstellung von Himmelssphären fest. Diese Kristallsphären hielten alle Planeten auf ihrer Bahn um die Sonne. Als 1616 Galileo Galilei wegen Ketzerei angeklagt und vor ein Inquisitionsgericht zitiert wurde, argumentierte er aus Kopernikus' *DE REVOLUTIONIBUS ORBIUM*. Daraufhin wurde es von der Kirche sofort auf den Index gesetzt, d.h. es wurde zu einem verbotenen Buch erklärt. Das war jedoch die beste Reklame, die man für das Buch machen konnte, denn nun verbreitete es sich in Windeseile in ganz Europa. Nur weil Galileo noch rechtzeitig widerrief, blieb er am Leben. Er wurde begnadigt, aber für den Rest seines Lebens unter Hausarrest gestellt.

Für eure Lernbox

* Seit Beginn der Menschheitsgeschichte galt das geozentrische Weltbild als die einzige unumstößliche Wahrheit. Bei diesem Weltbild ist die Erde der Mittelpunkt des Kosmos. Jeder konnte mit eigenen Augen sehen, dass die Gestirne immer im Osten auf- und im Westen untergehen. Daraus folgerte man, dass sie die Erde umkreisen müssen.

* Das Wichtigste der Schöpfung war die Erde, deshalb ging man davon aus, dass sie der Mittelpunkt des Universums ist. Da die geozentrische Weltsicht sich scheinbar ohne Widerspruch mit der Bibel vertrug, wurde sie fast 2000 Jahre lang als selbstverständlich angesehen.

* Als Kopernikus im 16. Jahrhundert die Sonne als den eigentlichen Mittelpunkt des Universums entdeckte, mochte niemand an diese neue Theorie glauben. Das Weltbild mit der Sonne im Mittelpunkt heißt »heliozentrisch«. Auf Griechisch heißt Sonne »helios«.

* Luther und Melanchthon lehnten die Idee ab, alle Planeten würden die Sonne umkreisen, und beriefen sich dabei auf eine Bibelstelle, wo Josua die Sonne und den Mond angehalten habe und nicht die Erde. In der Bibel steht schwarz auf weiß: »... und er sprach in Gegenwart Israels: Sonne, steh still zu Gibeon, und Mond, im Tal Ajalon!« (Josua 10,12)

* Jeder, der dieser Sicht widersprach, wurde vor die heilige Inquisition gebracht und musste seinem Irrglauben abschwören, oder er wurde auf den Scheiterhaufen gebracht. Als sich Giordano Bruno weigerte, seiner Idee abzuschwören, wurde er 1600 in Rom verbrannt.

* Galileo Galilei konnte rechtzeitig davon »überzeugt« werden, dass er sich geirrt habe und wurde wegen seiner Behauptung zu lebenslangem Hausarrest verurteilt.

Aufbau des Sonnensystems im geozentrischen Weltbild

* Der griechische Philosoph Aristoteles beschrieb als erster den Umlauf der Gestirne, des Himmels um die Erde. Alle Himmelskörper sind an Sphären geheftet. Sphären sind durchsichtige Kugelschalen, ineinander geschachtelt wie »russische Puppen«.

* Erstaunlicherweise ließ sich trotzdem eine annähernd korrekte Vorhersage bei der Bewegung der Planeten machen, obwohl die Theorie falsch ist.

* Aufbau der Sphären (siehe Abbildung): Die innerste Sphäre gehörte dem Mond. Die zweite Sphäre besetzte der Merkur, der immer wieder am Himmel auftauchte. Die nächste Sphäre gehört Venus, dann folgt die Sonne, dann Mars, Jupiter und Saturn. Hier endet das Sphärenmodell, da Uranus, Neptun und Pluto noch nicht entdeckt waren.

* Die Begriffe ›Sphärenmusik‹ oder ›der siebte Himmel‹ stammen noch aus der Zeit des geozentrischen Weltbildes.

Das geozentrische Weltbild in der Antike

Die Menschen haben sich die Erde nicht immer als Kugel vorgestellt. Woher sollten die Menschen das auch wissen, ohne den Ausblick aus einem Flugzeug oder einem Satelliten? Wenn ihr euch irgendwo in eine Landschaft stellt, wo keine Häuser oder Bäume sind, könnt ihr sehr weit schauen, doch über den Horizont hinaus geht der Blick nicht. Und so betrachtet kommt es uns so vor, als sei die Erde flach, also eine Scheibe. So dachten auch die Menschen früher. Pythagoras, der ein halbes Jahrtausend vor Christus lebte, war der erste griechische Naturphilosoph, der eine Kugelgestalt der Erde vermutete. Und mit ihm begann das geozentrische Weltbild. Er glaubte daran, dass die Erde den Mittelpunkt des Universums bilde und dass alle Himmelsobjekte sie in unsichtbaren

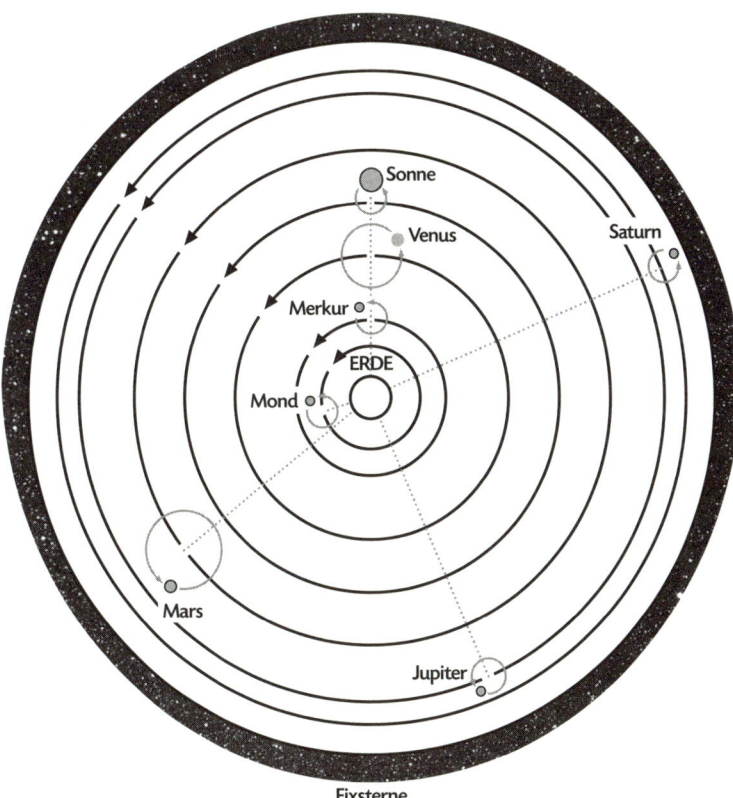

Fixsterne

Kristallsphären umkreisten. Er wies der Sonne, dem Mond, Merkur, Venus, Mars, Jupiter und Saturn folgerichtig je eine eigene Sphäre zu.

Als das Fernrohr noch nicht erfunden war, kannte man nur Saturn als äußersten der Planeten. Uranus und Neptun konnte man mit bloßem Auge nicht mehr erkennen, da sie zu lichtschwach sind.

Einem Schüler Platons, dem Eudoxos von Knidos, waren die sieben angenommenen Kugelschalen noch zuwenig. Er erhöhte daher ihre Zahl auf 26. Seinem Schüler Kallippos war selbst das noch nicht genug. Er besserte auf stolze 34 nach. Aristoteles erhöhte darauf ihre Anzahl sogar auf 54. Erst Hipparch reduzierte radikal die Inflation der Kristallsphären wieder auf sieben und beschränkte sie auf Sonne, Mond, Merkur, Venus, Mars, Jupiter und Saturn. Da diese Anzahl Sinn zu machen schien, überlebte dieses Weltbild viele Jahrhunderte. Allerdings fügte er noch einige kleinere Sphären hinzu, die sogenannten Epizyklen.

Ein großes Rätsel blieb für die Astronomen über viele Jahrhunderte allerdings die Beobachtung, dass sich Planeten rückläufig bewegten. Diese sogenannte *retrograde* (rückläufige) *Bewegung* der Planeten war für sie ein schier unlösbares Problem. Man half sich daher mit der fälschlichen Annahme, dass die Planeten von Zeit zu Zeit ihre Bahnen verlassen und zu kreisen beginnen. Dafür benötigte man jene sogenannten *Epizyklen*. Die großen Kreise, auf denen sich die Planeten bewegen, heißen *Deferenten*. Sie drehen sich alle um ein gemeinsames Zentrum. Insgesamt war dieses Weltmodell recht kompliziert und voller Ungereimtheiten.

Der Kirchenmann Kopernikus war der erste Gelehrte, der es wagte, zu behaupten, dass sich die Erde und alle Planeten um die Sonne drehen, und dass die Kreisbewegung der Planeten am Himmel nur eine optische Täuschung sei. Da die Planeten die Sonne in unterschiedlichen Bahnen umlaufen, so argumentierte Kopernikus weiter, überholt die Erde jedes Jahr einmal einen ferneren Planeten. Man kann sich das mit verschiedenen Laufspuren auf einem Sportplatz vorstellen. Wird ein Planet, der sich auf einer Außenspur befindet, von der schnelleren Erde überholt, scheint er, nachdem er überholt wurde, rückwärts zu laufen. Wir kennen dies von der Eisenbahn. Wenn ein langsamerer Zug überholt wird, scheint er nun plötzlich rückwärts zu fahren. Tatsächlich aber läuft er, wie der eigene Zug, in die gleiche Richtung.

Für eure Lernbox

Thales von Milet (624–546 v. Chr.)

* Gilt als der erste griechische Wissenschaftler. Für ihn ist die Erde eine Scheibe, wobei er sich das so vorstellte, dass die Landmassen eine Insel im unendlichen Meer seien.

Anaximander (610–547 v. Chr.)

* Schüler von Thales. Er hielt die Erde für eine zylindrische Säule, die von einer Sternenkugel umgeben ist. Die Vorstellung, die Erde sei ein Zylinder, hatte damals viele Anhänger.

Pythagoras (um 570–497 v. Chr.)

* Mit ihm beginnt das geozentrische Weltbild. Er war der erste, der eine Kugelgestalt für die Erde annahm. Sonne, Mond und die übrigen Planeten waren an Sphären befestigt, die um die Erde kreisen. Da in der Vorteleskop-Astronomie die Planeten nur bis zum Saturn bekannt waren, bestand das geozentrische Weltbild nur aus sechs Sphären.

Hipparch (um 190–120 v. Chr.)

* Er reduzierte die vielen Himmelssphären um die Erde und beschränkte sie auf sieben: Sonne, Mond, Merkur, Venus, Mars, Jupiter und Saturn. Er fügte kleinere, sogenannte Epikzyklen hinzu, auf denen die Planeten ihre Schleifen ziehen konnten. Die Epikzyklen dienten dazu, die unerklärliche Rückwärtsbewegung der Planeten zu erklären.

Schleifenbahn der Planeten

* Wenn man jeden Tag die Stellung der Planeten verfolgt, bemerkt man, dass sie irgendwann beginnen, sich am Himmel rückwärts zu bewegen. Als die alten Griechen das bemerkten, rückten sie von ihrer Vorstellung ab, es gäbe für alle Planeten nur eine Sphäre, sondern sie vermuteten, dass jeder Planet eine eigene Sphäre besitzt.

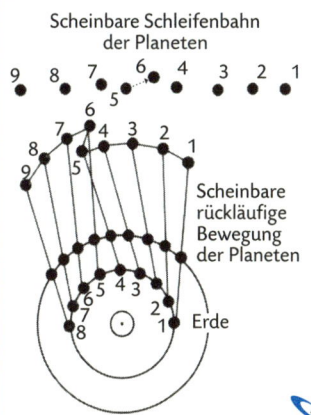

Scheinbare Schleifenbahn der Planeten

Scheinbare rückläufige Bewegung der Planeten

Erde

Das geozentrische Weltbild im Mittelalter

Nachdem ihr jetzt wisst, wie sich die Himmelskörper im Weltall bewegen, ist es wichtig, dass wir uns noch genauer anschauen, wie Menschen früherer Zeiten sich das alles vorgestellt haben. Das hatte nämlich großen Einfluss auf ihr gesamtes sonstiges Denken, wie sie über die Welt, über Gott, Himmel und Hölle und das Jenseits philosophierten. Das Mittelalter liegt ja noch gar nicht so lange zurück. Wie ihr gesehen habt, galt das geozentrische Weltbild über tausende von Jahren als unumstößliche Wahrheit. Jeder, der zum Himmel blickt, glaubt selbst zu sehen, dass sich alle Himmelskörper um die Erde bewegen. In der Nacht durchwandern die Sterne im selben Rhythmus das Firmament. Jeder, der sehen kann, erkennt die Gesetzmäßigkeit der Himmelsmechanik, an der es nichts zu zweifeln gibt. Ihr wisst natürlich, dass nicht alle Dinge so sind, wie sie zu sein scheinen. Obwohl das geozentrische Weltbild falsch war, ermöglichte dieses Himmelsmodell eine annähernd korrekte Vorhersage der Planetenbewegungen.

Die innerste Sphäre gehörte dem Mond. Die zweite Sphäre besetzte der flinke Planet Merkur. Er ist nicht leicht zu finden, da der Planet immer ganz dicht bei der Sonne steht. Auf die Sphäre des Merkurs folgt die Sphäre der Venus. In der Zeit, als man noch keine Teleskope benutzte, endete das Sonnensystem mit Saturn. Hinter Saturn lag die Sphäre der Fixsterne. Der im 2. Jahrhundert lebende Gelehrte Ptolemäus formulierte in seinem berühmten Buch *Cosmographia* das geozentrische Weltbild. Es wurde von der Kirche als richtig anerkannt, da es sich widerspruchsfrei mit dem damaligen Wissensstand vertrug, dass die Erde im Mittelpunkt des Universums ruht.

Wer an dieser scheinbar unumstößlichen Wahrheit zweifelte, dem drohte der Scheiterhaufen. Im Jahre 1600 wurde der italienische Mönch Giordano Bruno öffentlich verbrannt, da er behauptet hatte, »*dass alle Sterne Sonnen seien, die von Planeten umkreist wären und auf einigen von ihnen würde Leben wie auf der Erde existieren*«.

Die noch heute geläufigen Begriffe *Sphärenmusik* oder *siebter Himmel* stammen aus dieser Zeit, denn damals war der Kosmos noch in sieben Sphären oder Himmel unterteilt und der höchste Himmel war eben der siebente.

Für eure Lernbox

* Im Mittelalter galt das geozentrische Weltbild. Das Wichtigste der Schöpfung war die Erde, sie war der Mittelpunkt des Universums. Man war sich daher gewiss, dass die Erde als wichtigster Teil der Schöpfung in der Mitte des gesamten Universums stehen müsse, und dass alle Himmelskörper, einschließlich der Sonne sie umkreisen. Da sich die geozentrische Weltsicht am widerspruchsfreiesten mit der Bibel vertrug, galt sie 2000 Jahre lang als unumstößliche Wahrheit.

* Das änderte sich, als das Fernrohr entwickelt worden war. Als Kopernikus im 16. Jahrhundert entdeckte, dass die Sonne im Mittelpunkt des Universums steht, mochte niemand an diese neue heliozentrische Theorie glauben. Luther und Melanchthon lehnten die Idee ab, alle Planeten würden die Sonne umkreisen, da Josua die Sonne und den Mond angehalten habe und nicht die Erde. »...und er sprach in Gegenwart Israels: Sonne, steh still zu Gibeon, und Mond, im Tal Ajalon!« (Josua 10,12).

Aufbau der Sphären

Sphären sind durchsichtige Kugelschalen und liegen ineinander, ähnlich wie die Puppe in der Puppe.

* Die innerste Sphäre gehörte dem Mond. Die zweite Sphäre besetzte der Merkur, der immer wieder am Himmel auftauchte. Die nächste Sphäre gehört Venus, dann folgt die Sonne, dann Mars, Jupiter und Saturn. Hier endet das Sphärenmodell, da Uranus, Neptun und Pluto noch nicht entdeckt waren.

* Die Begriffe ›Sphärenmusik‹ oder ›der siebte Himmel‹ stammen noch aus der Zeit des geozentrischen Weltbildes.

Wer war Nikolaus Kopernikus? (1473–1543)

Kopernikus war der erste Astronom, der das geozentrische Weltbild an-
zweifelte. Er war der Sohn eines wohlhabenden Kaufmanns, der schon
starb, als das Kind erst zehn Jahre alt war. Sein Onkel Lukas Watzelrode übernahm die Vormundschaft seiner beiden verwaisten Neffen. Er
muss ein düsterer Mann gewesen sein, denn von ihm wird behauptet,
dass er nie in seinem Leben gelacht habe.
Kopernikus studierte Mathematik und Astronomie in Krakau. Danach ging er nach Italien und studierte in Bologna, Padua und Ferrara
weltliches und kirchliches Recht. Er beendete seine Studien mit Medizin. Inzwischen war Kopernikus' Onkel Watzelrode zum Bischof von
Ermland geworden. Als Kopernikus nach Polen zurückkehrte, wurde
er zum Kanonikus ernannt und war zugleich Leibarzt seines Onkels.
Kopernikus scheint übrigens auch ein schwieriger Mensch gewesen zu
sein, denn er hatte nur wenige Freunde und er heiratete nie. Allerdings
wurde ein Verhältnis mit seiner Haushälterin Anna bekannt. Nach Auf-
forderung der Kirchenbehörde beendete er diese Liebschaft.
Das alte geozentrische Weltbild befriedigte Kopernikus nicht, denn nach
seinen Überlegungen dürfte kein Planet rückwärts laufen, wenn die Erde
wirklich der Mittelpunkt des Universums wäre. Die vielen Widersprüche,
die im geozentrischen Weltbild auftauchten, ließen sich nur durch ein helio-
zentrisches Weltbild auflösen. Vermutlich hätte er diese Theorie ein Leben
lang für sich behalten, wäre nicht gegen Ende seines Lebens der Schüler
Georg von Lauchen aufgetaucht. Besser ist er unter dem Namen Rhaeticus bekannt (1514–1576). Er verstand die Bedeutung der Theorie sofort.
Der einzige wahre Freund von Kopernikus, Bischof Tiedemann Giese, versuchte mit dem neuen Schüler, Kopernikus davon zu überzeugen, dass er
seine Gedanken in einem Gesamtwerk veröffentlichen sollte. Mit großem
Einsatz von Rhaeticus, sollte das Werk 1542 in Nürnberg gedruckt werden. Kurz vor der Veröffentlichung scheint er sich aber mit Rhaeticus über-
worfen zu haben, denn als es ein Jahr später erschien, fehlte unbegreiflicher
Weise jeder Hinweis auf Rhaeticus, der doch einen ganz entscheidenden
Anteil an der Drucklegung gehabt hatte. Kopernikus war sich klar darüber,
dass seine Theorie von der Sonne als Mittelpunkt des Planetensystems der
Lehre der Kirche widersprach. Deswegen widmete er es vorsichtshalber
dem Papst, was ihm aber auch nichts nützte. Dieses Werk wurde später auf
den Index gesetzt, das bedeutet, dass es allen unter Strafe der Exkommuni-
kation (Kirchenausschluss) verboten war, dieses Buch zu lesen.

Für eure Lernbox

Kopernikus gelangte zu der Überzeugung:
* Die Sonne sei der Mittelpunkt des Universums.
* Die Erde drehe sich um ihre Achse und umlaufe die Sonne.
* Da sie auf ihrer Bahn andere Planeten überhole oder selbst überholt werde, ließen sich auch die rückläufigen Planeten erklären.

Diese Theorie ließ er als Privatdruck herausgeben. Obwohl er nur einige der Kopien an Freunde gegeben hatte, verbreitete sich die Idee rasch. Kopernikus hat drei Jahrzehnte lang seine Idee nie öffentlich besprochen oder gelehrt.

Nikolaus Kopernikus (1473–1543)
* De revolutionibus orbium colestium libri VI (Sechs Bücher über die Umläufe der Himmelskörper). Hier behauptet Kopernikus, dass sich die Himmelskörper nicht um die Erde bewegen, sondern um die Sonne. Damit sei nicht die Erde der Mittelpunkt des Weltalls, sondern die Sonne. Martin Luther bezeichnete ihn als Narren, da seine neue Lehre im Widerspruch zur offiziellen Lehre der Kirche stand.

Georg Joachim von Lauchen genannt Rhaeticus (1514–1576)
* Am Ende seines Lebens bekam Kopernikus unverhofft einen neuen Schüler. Es war der junge Professor für Mathematik und Astronomie Georg Joachim von Lauchen. Er wurde als Georg Joachim von Rhaeticus bekannt. Sein Vater war enthauptet worden, da er verdächtigt wurde, mit dem Teufel im Bunde zu stehen. Rhaeticus drängte Kopernikus, seine Gedanken zu veröffentlichen. Kopernikus war jedoch unentschlossen, denn er hatte Angst, als *Häretiker* (Ketzer) zu gelten, weil seine Gedanken völlig im Gegensatz zur kirchlichen Lehre standen.
* Sein einzig wahrer Freund, der Bischof Tiedemann Giese, versuchte ihn zu überzeugen, wie wichtig eine Veröffentlichung wäre. Man kam überein, Rhaeticus solle das Buch schreiben und den Gedanken des Kopernikus erläutern und nur den Vornamen und Geburtsort preisgeben.

Das älteste Weltbild

* Das geozentrische (gaia = Erde) Weltbild, wurde 1543 durch die Veröffentlichung von Nikolaus Kopernikus durch das heliozentrische (helios = Sonne) Weltbild abgelöst. Im alten, dem geozentrischen Weltbild (Ptolomäisches Weltbild), umkreisten alle Himmelskörper auf Sphären die Erde. Es bestimmte über 2000 Jahre lang das Denken der Menschen.

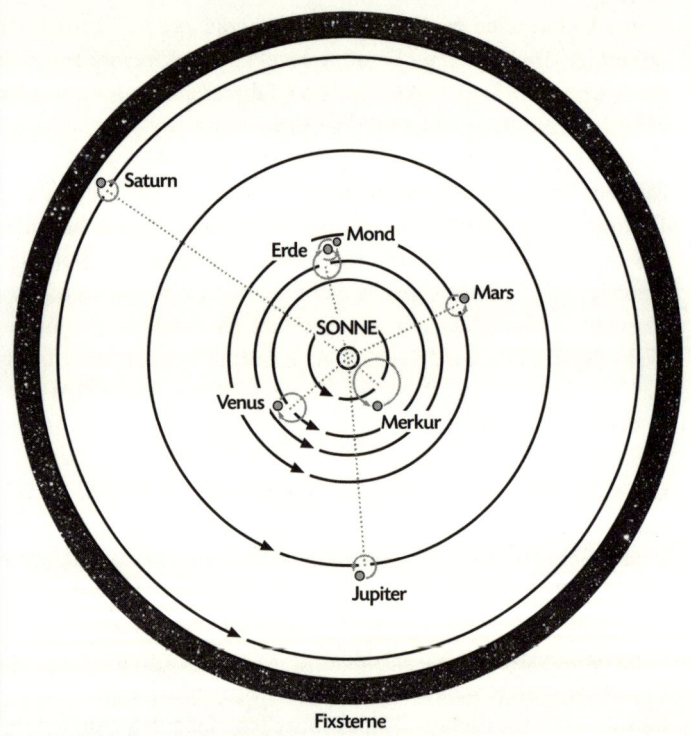

* Allerdings gab es mit der Erde als Mittelpunkt des Universums Schwierigkeiten. Alle Planeten vollführten plötzlich eine rätselhafte retrograde (rückläufige) Bewegung. Man nennt dies Schleifenbewegung Epizyklen.
* Bei einer Stellung der Erde im Mittelpunkt des Universums wären Epizyklen unmöglich, weswegen Kopernikus vermutete, dass die Erde wie die anderen Planeten um die Sonne kreist. Nur

wenn die Erde wie alle anderen Planeten um die Sonne kreist, treten Epizyklen auf, weshalb Kopernikus vermutete, dass die Sonne im Mittelpunkt des Universums stünde.

* Wissenschaftler mussten im 16. Jahrhundert noch befürchten, wegen Ketzerei von der Heiligen Inquisition angeklagt zu werden. Daher zögerte Kopernikus mit einer Veröffentlichung seiner Theorie. Sie wurde erst wenige Monate vor seinem Tod veröffentlicht. Vielleicht hatte er schon eine Todesahnung. Der Titel seines Werkes lautete: *De revolutionibus orbium coelestium.* Da er sich der revolutionären Gedanken in seiner Schrift bewusst war, widmete er sie Papst Paul III., um ihn positiv für seine Ideen zu stimmen. Doch Kopernikus Schrift wurde verboten und auf den Index gesetzt.

* 1610 betrachtete Galileo den Jupiter mit dem gerade erfundenen Fernrohr. Er sah die vier größten Jupitermonde, wie sie den Jupiter umkreisten. Er versuchte vergebens, die skeptische Kurie, also die päpstliche Zentralbehörde, davon zu überzeugen, dass der Jupiter mehrere Monde besaß. Die katholischen Geistlichen ließen sich aber nicht überzeugen und verurteilten ihn 1633 wegen dringendem Häresie-Verdacht zu lebenslangem Hausarrest.

Das heliozentrische Weltbild

Bild © NASA

Ihr seht, dass sich die Weltbilder im Laufe der Geschichte grundlegend geändert haben. Von allen Weltbildern der Geschichte war das geozentrische am längsten gültig. Jeder, der in den Sternenhimmel blickte, glaubte zu sehen, dass alle Himmelskörper die Erde umkreisten. Auch theologisch machte das Sinn, denn jedem war klar, dass Gott die Menschen in die Mitte des Universums gesetzt haben muss.

Die erste Vermutung, dass die Sonne im Mittelpunkt eines Planetensystems stehe, äußerten die Inder bereits 600 v. Chr. in ihren Veden.
*»Die Sonne reiht diese Welten – die Erde, die Planeten, die Atmo-
sphäre – auf einem Gewinde.«* Veda ist ein altindisches Wort in Sans-
krit und bedeutet Wissen, wobei sich dieses Wissen auf Religion und
die Naturwissenschaften bezieht. Indische Naturphilosophen nahmen
schon lange vor Christi Geburt an, dass die Erde eine Kugel sei, die
sich um die eigene Achse drehe, wodurch Tag und Nacht entstünden:
*»Die Sonne geht weder unter, noch geht sie auf. Wenn Leute denken,
die Sonne geht auf, ist es nicht so; sie irren sich.«* Der indische Naturphilosoph Yajnavalkya (um 600 v. Chr.) wusste bereits, dass die Sonne
größer als die Erde ist. Er berechnete auch die Abstände der Sonne
und des Mondes von der Erde: 108-mal größer als der Durchmesser
dieser himmlischen Körper und liegt damit ziemlich nah an dem heute
gültigen Maß von 107,6 für den Mond. Bei der Sonne lag er allerdings
erheblich daneben.

Leider kannte man im antiken Griechenland die vedischen Schriften
nicht. Hier lehrte der Naturphilosoph Claudius Ptolemäus (um 100–175
n.Chr.), dass die Erde das Zentrum des Universums sei. Er entwickelte
ein völlig falsches Weltbild, das von den theologischen Autoritäten in
Rom als richtig anerkannt wurde und die Wissenschaft anderthalb
Jahrtausende behinderten sollte. Erst Nikolaus Kopernikus erkannte,
dass die Epizyklen eine optische Täuschung sind.

Die katholische Kirche erkannte das kopernikanische Weltbild erst
1757 als richtig an. Und noch einmal 200 Jahre später, 1993, erfuhr
Nikolaus Kopernikus eine späte Rehabilitation durch Papst Johannes
Paul II.

1979 beauftragte Papst Johannes Paul II. die Päpstliche Akademie der
Wissenschaft, den Fall aufzuarbeiten. Am 31. Oktober 1992 hielt Johannes Paul II. eine Rede, die zum einen als Entschuldigung und zum
anderen als Heilung des gegenseitigen Missverstehens von Wissenschaft
und Kirche gesehen wird. Am 2. November 1992 wurde Galileo Galilei
schließlich formal von der römisch-katholischen Kirche rehabilitiert.

Giordano Bruno (1548–1600)

Weiter oben hatte ich euch schon von diesem mutigen, kämpferischen Mann erzählt. Bereits als Jugendlicher trat Bruno als Mönch in den Dominikanerorden in Neapel ein. Doch schon bald überwarf er sich mit der Klosterleitung, da er die übertriebene Marien- und Heiligenverehrung ablehnte. Als er deswegen der Ketzerei angeklagt wurde, musste er ins Ausland fliehen. In den nächsten Jahren irrte er durch Europa. 1579 nahm er an der Universität Genf eine Stelle an. Nach einem Streit mit den dortigen Calvinisten musste er die Stadt verlassen. Für kurze Zeit hatte er in Toulouse den Lehrstuhl für Philosophie inne. Auch in Paris wurde man auf ihn aufmerksam. 1581 reiste er nach Oxford/ England. Doch geriet er bald in Streit mit den dortigen Theologen, weil er sie in einer Schrift[4] lächerlich gemacht hatte. Als er sich dann auch noch über das Londoner Geistesleben lustig machte, wollte man ihn in England nicht mehr länger dulden. Bruno gelangte über Wittenberg nach Prag. Aber auch dort konnte er nur kurze Zeit bleiben. Noch in Prag erhielt er einen Ruf an die Universität in Helmstedt. Ganz unproblematisch scheint auch diese Station nicht gewesen zu sein, denn schon bald wurde er von Pastor Boethius aus der dortigen Lutheranischen Gemeinde ausgeschlossen. Man sieht, dass Giordano Bruno sich garantiert schon nach kurzer Zeit mit jedem anlegte, der nicht seine Meinung teilte. Es war sicher nicht leicht, mit diesem Mann zurechtzukommen. Trotz dieser Eigenarten war er durch seine Schriften in der Geisteswelt Europas bestens bekannt. Seine streitbaren Schriften verfehlten ihre Wirkung nicht. Es ging sogar das Gerücht um, dass Bruno auch in den Schwarzen Künsten erfahren sei. Wer im 16. Jahrhundert solch einen Ruf besaß, für den war es ratsam, immer die Inquisition aufmerksam im Auge zu behalten.

1591 erreichte ihn die Einladung des venezianischen Edelmannes Giovanni Mocenigo, die er besser nicht hätte annehmen sollen. Vermutlich hat Mocenigo sich handfeste Anleitungen zu Übersinnlichem vorgestellt. Man kann annehmen, dass der Edelmann von seinem Lehrer enttäuscht war. Mocenigo wurde seines Gastes überdrüssig und wollte ihn loswerden. Deshalb denunzierte er Bruno bei der Inquisition mit der Anschuldigung, dieser hätte behauptet, Christus sei ein Betrüger gewesen und er meine, dass es unzählig viele belebte Welten im Univer-

---

[4] La cena de la ceneri (Das Aschermittwochsmahl)

sum gebe. Als das Heilige Officium erkannte, wer da in der Falle saß, wurde es schnell aktiv. Der Gelehrte wurde in der Nacht vom 22. auf den 23. Mai 1592 verhaftet. Bruno wurde der Ketzerei in 20 Punkten angeklagt. Mocenigo legte nach und machte eine zweite und eine dritte Anzeige. Die Prozedur sollte noch acht schlimme Jahre dauern. Am 17. Februar 1600 wurde Giordano Bruno auf dem Campo dei Fiori in Rom lebendigen Leibes verbrannt.

Für eure Lernbox

* Giordano Filippo Bruno wird 1548 in Nola bei Neapel geboren. Siebzehnjährig tritt Bruno dem Dominikanerorden bei. 1572 beginnt er mit dem Theologiestudium und wird zum Priester geweiht. Er widmet sich der intensiven Lektüre von Aristoteles, was gar nicht gern gesehen wurde. Schon 1576 – er ist 28 Jahre – bricht er mit dem Orden.

* Er wird der Ketzerei verdächtigt und flieht nach Rom. Danach beginnt sein fast zwanzig Jahre dauerndes Wanderleben, zunächst durch Italien, dann durch ganz Europa. Er schreibt, hält da und dort Privatvorlesungen, manche auch an verschiedenen Universitäten. So trifft er 1578 in Genf ein, der Calvin-Stadt, wo er endgültig die Kutte ablegt.

* Allerdings benimmt er sich auch in Genf unerträglich. Er wird verhaftet, weil er eine beleidigende Schrift gegen einen Philosophie-Professor verfasst hat. Um weiteren Repressalien (Vergeltungsmaßnahmen) zu entgehen, zieht Bruno das Pamphlet (Schmäh- oder Spottschrift) zurück. Da ihm die Verhaftung droht, verlässt er eilig Genf und reist nach Toulouse.

* An der Universität von Toulouse hält er mit großem Erfolg Vorlesungen über Astronomie und Philosophie und über Aristoteles. 1581 zieht er weiter nach Paris. Eine ordentliche Professur wird ihm mit der Begründung verweigert, ordentliche Professoren würden die Messe besuchen. Dennoch erhält er eine außerordentliche Professur mit festem Gehalt. Es wird seine einzige akademische Anstellung bleiben.

Natur, Welt, Kosmologie

Bruno veröffentlicht seine 120 Thesen über die Natur und die Welt:

* Die Erde rotiere, hätte eine annähernde Kugelgestalt und wäre an den Polen abgeplattet, eine Vermutung, die Isaak Newton 80 Jahre später physikalisch beweisen würde.
* Auch die Sonne rotiert um ihre Achse.
* Alle Fixsterne sind Sonnen.
* Im Kosmos kreisen zahllose Sterne und Weltkugeln, Sonnen und Erden.
* Das Universum ist nach allen Seiten unendlich.
* Wer glaubt, es gebe nicht mehr Planeten, als wir kennen, ist ungefähr so vernünftig wie einer, der glaubt, es flögen nicht mehr Vögel durch die Luft, als er aus seinem Fenster sieht. Der Kosmos ist kein Mechanismus, sondern ein Organismus.

Bruno als Philosoph

* Giordano Bruno betrachte sich nicht als Theologe, sondern als Philosoph. Bis in unser Jahrhundert hinein sind die Einschätzungen des Brunoschen Werks nie unumstritten gewesen.

Die Erfindung des Fernrohrs

Ihr könnt euch vorstellen, was es bedeutet hat, als die Menschen die Brille erfunden hatten und später das Fernrohr. Die Erfindung der Brille ermöglicht das Lesen bis ins hohe Alter. Schliff man Glas zu konvexen Linsen, so vergrößerten sie, waren sie aber konkav, so verkleinerten sie. Damit ihr euch den Unterschied zwischen konkav und konvex besser merken könnt, hilft folgende Eselsbrücke: *Ist der Löffel konkav, bleibt die Suppe brav. Ist der Löffel konvex, macht sie einen Klecks.*

Als der aus Wesel stammende Brillenmacher Hans Lipperhey durch zwei unterschiedliche Linsen blickte, sah er, dass entfernte Gegenstände näher zu sein schienen. Er bot dem Rat von Zeeland 1608 ein Rohr zum Sehen in die Ferne an und erhielt den Auftrag, dieses Instrument anzufertigen. Im Jahr darauf wurden in Paris *Kijker* [käjker], die so genannten ›Teleskope‹ Lipperheys verkauft. Natürlich verbreitete sich die Nachricht über die holländischen Kijker in Europa in kürzester Zeit. Im April des Jahres 1609 erfuhr der geniale italienische Wissenschaftler Galilei von dem holländischen Fernrohr. Da er sofort die Technik verstanden hatte, baute er es nach. Galilei führte sein Instrument der venezianischen Regierung vor. Die Begeisterung über die Erfindung war so enorm, dass er keine Gelegenheit hatte zu erwähnen, dass diese Erfindung überhaupt nicht von ihm stammte, sondern aus Holland. Die venezianische Regierung war tief beeindruckt von so viel Erfindungsgabe. Galilei überließ ihr sogar das alleinige Recht zur Herstellung solcher Instrumente, obwohl er das gar nicht gedurft hätte. Daraufhin wurde sein Gehalt kräftig aufgestockt.

Zur gleichen Zeit baute auch der Gelehrte Simon Marius in Ansbach als erster Deutscher das Fernrohr nach. Die Linsen ließ er im nahen Nürnberg schleifen. Als erstes Himmelsobjekt betrachtete er den Jupiter und entdeckte sofort seine vier großen Monde. Galilei richtete sein Fernrohr zuerst auf den Mond und erkannte, dass seine Oberfläche von vielen Gebirgen bedeckt ist. Im Jahr darauf betrachtete er Jupiter und bemerkte auch dessen vier Monde. Er verlor keine Zeit und beschrieb als erster die vier Monde, noch vor Simon Marius, und gilt folglich er als ihr Entdecker.

Simon Marius gab ihnen den Sammelnamen »Galileische Monde«: Das sind Io, Europa, Ganymed und Callisto. Nachdem also das Fernrohr (Teleskop) entdeckt war, wurden ganz schnell ganz wichtige astronomische Entdeckungen gemacht. Seitdem spricht man von Teleskopastronomie. Man kann die Einführung der Teleskopastronomie als die wissenschaftliche Revolution des siebzehnten Jahrhunderts bezeichnen.

Für eure Lernbox

* Die Erfindung des Fernrohrs wurde von dem Deutsch-Holländer Hans Lipperhey gemacht. Hans Lipperhey stammt aus dem Niederrheinischen Wesel.
* Konvexe Brillenlinsen sind Sammellinsen. Sie haben die Eigenschaft, Gegenstände zu vergrößern. Konkave Linsen sind Streulinsen und verkleinern. Als er eine konkave und eine konvexe Linse übereinander legte und hindurchschaute, bemerkte er, dass

ein entferntes Objekt näher zu rücken schien. Er stellte seine Entdeckung dem Rat der Stadt vor und erhielt den Auftrag, sein Teleskop zu bauen. Im nächsten Jahr wurde der »Kijker« in Paris zum Kauf angeboten.

* In Venedig hörte Galileo Galilei von dem holländischen Sehrohr und baute es nach.

* Auch der Ansbacher Hofastronom Simon Marius baute das Fernrohr nach, da er sich ein Lipperhey-Rohr nicht leisten konnte. Die Gläser dafür ließ er in Nürnberg schleifen. 1614 notiert er in seinem Buch »Mundus Jovialis« dass sich vier kleine Sterne in gerader Linie bei Jupiter aufhalten. Diese blieben auch dann bei dem Planeten, als dieser auf seiner Bahn weiterlief. Er folgert daraus, dass es sich um Jupitermonde handeln müsse.

* Da Galilei die Entdeckung dieser Monde sofort gemeldet hatte, kam er Marius zuvor und gilt heute als rechtmäßiger Entdecker.

Galileo Galilei (1564–1642)

Es war die Zeit zwischen dem 15. bis 17. Jahrhundert, in der die wichtigsten wissenschaftlichen Erkenntnisse und Entdeckungen für unser modernes Weltbild gemacht wurden. Durch die Erdumsegelung des Portugiesen Magellan in den Jahren 1519–1522 wurde endgültig bewiesen, dass die Erde eine Kugel ist.

Dies war auch die Zeit, in der Kopernikus entdeckte, dass die Erde nicht das Zentrum des Universums ist, sondern ein Planet unter vielen. Das geozentrische Weltbild der Antike fand in dieser Zeit sein endgültiges Ende. Die Erfindung des Fernrohrs durch Hans Lipperhey im Jahre 1608 erschütterte das Verständnis für das Universum in seinen Grundfesten. Galileis »*Dialog über die beiden wichtigen Weltsysteme*« wurde von der römischen Inquisition sofort als raffinierte Verschleierung der Ideen des jüngst verbrannten Ketzers Giordano Bruno verdächtigt. Als Galilei an seinen Freund Foscarini schrieb, »*Gott, der den Menschen so hohe Urteilskraft verliehen habe, könne ihnen doch nicht verbieten, zu eigenen wissenschaftlichen Erkenntnissen zu gelangen*«, und der Brief in die Hände der Heiligen Inquisition geriet, sah es bös für Galilei aus. 1633 wurde er prompt von der römischen Inquisition angeklagt. Er wurde gezwungen, seinen »törichten« Gedanken öffentlich abzuschwören. Um ihm den Entschluss leichter zu machen, zeigte man ihm verschiedene Gerätschaften, die man für besonders verstockte Häretiker bereit hielt. Galilei schwor, wie erwartet, ab. Er wurde zu lebenslanger Haft verurteilt, die aber später in lebenslangen Hausarrest abgemildert wurde.

Am 350. Todestag Galileis im Jahre 1992 verkündigte Papst Johannes-Paul II.: »*Wir können nicht leugnen, dass Galilei von den Männern und der Organisation der Kirche viel Leid erleben musste.*« In der gleichen Rede erinnerte der Papst daran, »*dass die Wahrheit der Wissenschaft zur Wahrheit des Glaubens nie in Widerspruch stehen könne.*«[5] Galilei wurde zu einer Symbolfigur für freies Denken und Forschen.

Für eure Lernbox

Im 15., 16. und 17. Jahrhundert wurden in Europa die wichtigsten Entdeckungen gemacht und umstürzende Erkenntnisse für unser modernes Weltbild erworben.

* 1454 Johannes Gutenberg arbeitet an der Entwicklung eines Buchdruckes mit beweglichen Lettern.
* 1487 Bartolomäo Diaz umsegelte als erster das Südafrikanische Kap.
* 1492 entdeckte Christoph Kolumbus Amerika.
* Im gleichen Jahr schuf der Nürnberger Seefahrer und Kosmograph Martin Behaim, ein Vorfahr des Autors dieses Buches, den ersten Erdglobus.
* Damals schuf Leonardo da Vinci die Zeichnung einer Flugmaschine.
* Hartmann Schedel veröffentlichte seine Weltchronik.
* 1504 erfand der Nürnberger Peter Henlein die erste Taschenuhr.
* 1519–1522 umsegelte der Portugiese Magellan die Erde und bewies, dass die Erde eine Kugel ist.
* 1543 Kopernikus entwickelte die Theorie des heliozentrischen Weltbilds.
* 1608 Hans Lipperhey erfand das Linsenfernrohr.
* 1610 Galilei entdeckt die Jupitermonde.

[5] zitiert aus: deutscher L'Osservatore Romano, 13.11.1992, S. 9–10

* Nur widerwillig ließ sich die Kirche aus den Naturwissenschaften verdrängen, die sie bislang alleine bestimmt hatte.
* Als Galilei die Jupitermonde entdeckte – (der Gunzenhausener Gelehrte Simon Marius (1573–1624) hatte die Jupitermonde bereits ein Jahr zuvor entdeckt) – war es überdeutlich, dass das von der Kirche favorisierte geozentrische Weltbild nicht stimmen konnte. Die Kirche war noch nicht bereit, ihre Vorstellung zu korrigieren und klagte 1633 Galilei vor der römischen Inquisition an. Galilei musste seinem Irrglauben abschwören und wurde zu lebenslänglichem Hausarrest verurteilt. Galileo war es gelungen, das verbotene Buch kurz nach seiner Verhaftung ins Ausland zu schaffen. Mathias Bernegger, ein Straßburger, übersetzte es dort ins Lateinische und verbreitete es in der Gelehrtenwelt Europas.

Johannes Kepler

Die Kindheitsjahre

Einer der ganz wichtigen Astronomen, die das alte, geozentrische Weltbild umgestoßen haben, war Johannes Kepler. Darum möchte ich euch noch etwas mehr von ihm und seinen Forschungen erzählen. Kein Mensch in Weil der Stadt hätte je geahnt, dass aus dieser Stadt einer der größten Gelehrten Europas kommen würde: Johannes Kepler (1571–1630).

Sein Vater war ein unsteter Taugenichts, der es nirgendwo lange aushalten konnte. Die Mutter war die Tochter eines Schankwirts aus Leonberg bei Stuttgart. Nach ihrer Hochzeit erkannte Katharina, in welches Elend sie geraten war und wurde deshalb immer verbitterter. Kurz nach der Geburt des ersten Kindes, Johannes, war sie abermals schwanger. Und doch verließ der Vater seine Familie, um im berüchtigten Heer des spanischen Herzogs Fernando Alvarez de Toledo y Pimentel Duque de Alba als Söldner zu dienen.

Die Verhältnisse im Hause Kepler in Weil der Stadt müssen bedrückend gewesen sein. Katharina lag in ständigem Streit mit ihren Schwiegereltern. Als sie die Zustände nicht mehr ertragen konnte, ließ sie ihre beiden Kinder bei den Großeltern zurück und reiste ihrem Mann ins Feld nach. Erst nach vier entsetzlichen Kriegsjahren kehrte das Paar wieder ins heimatliche Weil zurück. Dass sie den erstgeborenen Sohn Johannes noch lebend antrafen, war ein Wunder. Als er vier Jahre alt war, erkrankte er an Pocken und wäre daran fast gestorben. Mit dem Leben war er zwar davongekommen, doch ein schwerer Augenschaden blieb zurück. Nur noch schemenhaft konnte er Gegenstände erkennen. Stellt euch vor, ausgerechnet dieser Mann, der kaum sehen konnte, schuf die Grundlagen der modernen Optik. Es war Johannes Kepler.

Noch im Jahr der Rückkehr aus Holland zogen die Keplers nach Leonberg, wo sie ein Haus besaßen. Lange hielt es Heinrich Kepler dort nicht aus, und er ging 1578 wieder zurück nach Holland. Ein von ihm gezündeter Sprengsatz, der vorzeitig explodierte, zerfetzte sein Gesicht. Schwer verwundet und entstellt kam er aus dem Feld zurück. Nun musste Katharina für den Lebensunterhalt sorgen. 1579 pachtete sie das Wirtshaus »Zur Sonne« in Ellmendingen bei Pforzheim.

Als 1577 ein »*besunders gräulicher Komet*« am Himmel stand, wurde das Interesse für Astronomie in dem Knaben Johannes geweckt.

Seine Ausbildung

Von 1579–1584 besuchte Johannes Kepler die Lateinschule in Ellmendingen. Da der kleine Johannes viel auf dem Acker arbeiten musste, konnte er die Schule nicht regelmäßig besuchen. Nach der Feldarbeit musste er auch bei der Bedienung in der Gaststube mithelfen. Den Gästen blieb nicht lange verborgen, dass der Sohn der Wirtsleute ein ungewöhnliches Kind war, da er auch selbst schwierige Rechenaufgaben im Kopf lösen konnte.

Da das Kind schwächlich war und nur schlecht sehen konnte, taugte es für die schwere Arbeit auf dem Feld nicht. Um den Knaben loszuwerden, schickte man ihn auf die evangelische Klosterschule Adelberg, wo er zuerst eine Aufnahmeprüfung bestehen musste. Doch der begabte Junge hatte damit keine Schwierigkeiten und bestand die Prüfung auf Anhieb. Das Schulpensum in Adelberg war recht hoch, doch der kleine Johannes Kepler schaffte es mit Leichtigkeit. Die Erziehungsmethoden an der Klosterschule waren streng und unnachsichtig. Der Tag begann jeden Morgen schon um 4 Uhr mit Psalmen singen. Alle Zöglinge hatten eine Mönchskutte zu tragen. Jede Verfehlung musste sofort den Lehrern gemeldet werden und wurde durch empfindliche Strafen geahndet. Als Kepler einmal seine Mitschüler in kindlicher Naivität verpetzte, wurde er von den anderen Zöglingen grausam verprügelt. Johannes Kepler war immer ein einsames Kind, weshalb er sich mit seinen Büchern zurückzog. Er lernte schnell und war immer einer der besten Schüler. Sein Erfolg machte die Kameraden neidisch. Sein Vater, den er nie richtig kennen gelernt hatte, verließ die Familie 1586 für immer. Als Landsknecht konnte er dem engen Leben in dem schwäbischen Dorf nichts abgewinnen. Von ihm hat man nie wieder etwas gehört.

Als Johannes Kepler 1586 die Schule in Adelberg beendet hatte, wurde er im evangelischen Kloster Maulbronn aufgenommen. Seine Leistungen waren auch hier wieder ungewöhnlich gut. Niemand konnte mit ihm mithalten. Durch die einfache und knappe Kost bildeten sich an seinen Armen und Beinen überall schmerzhafte Geschwüre. Seine schwächliche Konstitution ließ ihn häufig krank sein. Er litt ständig an Fieberanfällen und rasenden Kopfschmerzen. Trotzdem lernte er schnell und gut. Es war klar, dass er einmal Theologie studieren würde. 1588 schloss er seine Ausbildung mit einem Baccalaureat ab, das entspricht dem heutigen Abitur, mit dem er in der Universität Tübingen aufgenommen wurde. Kepler war gerade 17 Jahre alt geworden. Er hörte Vorlesungen über Griechisch, Hebräisch, Astronomie, Physik, Ethik, Dialektik und Rhetorik. Das sind sieben Fachbereiche! Seine Mutter war kaum noch in der Lage, ihrem Sohn das Studium zu finanzieren, aber die Vaterstadt Weil gewährte ihm ein Stipendium, wodurch sich seine kargen Lebensbedingungen besserten. In Tübingen entstand sein Erstlingswerk, das »Mysterium cosmographicum«. Es enthält das Grundprinzip des Kopernikanischen Weltbildes, wonach die Sonne den Mittelpunkt bildet und die Planeten, einschließlich der Erde, in Kreisbahnen mit zusätzlichen Hilfskreisen die Sonne umrunden.

Johann Kepler als Hofastronom

Die Jugend des Johann Kepler war lieblos und ohne Hoffnung. Es wäre höchst verwunderlich gewesen, hätte Kepler sich trotz dieser Umstände zu einer selbstbewussten Persönlichkeit entwickelt. Im Alter von 26 Jahren analysierte und beschrieb er sich in dritter Person folgendermaßen: »*Dieser Mensch hat in jeder Hinsicht eine Hundenatur. Er ist wie ein verwöhntes, gezähmtes Hündchen. [...] Zunächst schmeichelt er sich ständig bei den Vorgesetzen ein, er hängt in allem von anderen ab, er dient ihnen, er zürnt ihnen nicht, wenn er getadelt wird, er versucht auf jede Weise sich auszusöhnen.*"

Da er auch in Tübingen immer zu den besten Studenten zählte, erhielt er 1593 seine erste Stellung als Lehrer für Mathematik und Moral an der Stiftsschule in Graz. Dort kam ihm die Idee für sein erstes bedeutendes

Werk »Mysterium Cosmographicum« (Geheimnis des Kosmos). Als Kepler die ersten Exemplare in seinen Händen hielt, sandte der stolze Autor auch welche an alle führenden Gelehrten, sogar an Galilei und Tycho de Brahe. Die Aufnahme des Buches war höchst unterschiedlich. Galilei lehnte Keplers Werk ab. Der Einzige, der den wahren Wert des Buches erkannte, war Tycho de Brahe.

In Graz bekam Kepler auch zum ersten Mal die Folgen der Gegenreformation zu spüren. Die katholische Kirche wollte die lutherische Lehre nicht länger hinnehmen. Im österreichischen Graz befand sich Kepler im Machtbereich der Habsburger, und die standen auf der katholischen Seite. Im September 1598 verschärfte sich die Lage gar so weit, dass Erzherzog Ferdinand alle dort tätigen Protestanten entließ und sie aufforderte, das Land zu verlassen – ansonsten drohte die Todesstrafe. So kam es, dass Johannes Kepler Österreich verlassen musste und von Tycho de Brahe in Prag freudig aufgenommen wurde. Brahe war der kaiserliche Hofastronom Rudolfs II. und berühmt durch seine extrem genauen astronomischen Aufzeichnungen, die er penibel verwaltete. Es ergab sich eine äußerst fruchtbare Zusammenarbeit, weil sich die beiden ideal ergänzten. Doch diese Zeit währte nicht lange. Im Oktober 1601 starb Tycho de Brahe. Kepler wurde nun von Kaiser Rudolf II. zum Nachfolger Brahes ernannt und erhielt somit die Stelle des Kaiserlichen Hofmathematikers.

Aufgrund der peniblen Aufzeichnungen Brahes gelang es Kepler, die Gesetzmäßigkeiten der Planeten zu entdecken. In drei Gesetzen, die seinen Namen tragen, beschreibt er die Umläufe der Planeten um die Sonne.

Für eure Lernbox

* Johannes Kepler wurde am 16. Mai 1571 in Weil der Stadt bei Pforzheim geboren. Er starb am 15. November 1630 im Alter von 59 Jahren in Regensburg.

Biografische Daten

1579–1784	Lateinschule in Ellmendingen
1584–1586	Evangelische Stiftsschule in Adelberg
1586–1589	Evangelisches Seminar in Maulbronn
1589–1594	Universität in Tübingen

1594–1600	Mathematikprofessor am protestantischen Gymnasium in Graz
1596	Sein erstes Hauptwerk, »Das Weltgeheimnis«
1597	Er heiratet Barbara Müller
1598	Der Sohn Heinrich wird geboren
1599	Die Tochter Susanna wird geboren
1599	Die Tochter Susanna stirbt
1600	Er wird aus Graz ausgewiesen, weil er Protestant ist. Er erkrankt am Wechselfieber
1600–1601	Assistent bei Tycho de Brahe in Prag
1601	Tod von Tycho de Brahe
1601–1612	Kaiserlicher Mathematiker in Prag
1612–1626	Mathematiker in Linz
1615	Keplers Mutter wird der Hexerei angeklagt
1617	Die Tochter Katharina wird geboren
1617	Die »Ephemeriden« (1. Teil) erscheinen
1618	Kepler formuliert sein 3. Planetengesetz Der »Grundriß der Kopernikanischen Astronomie« (Epitome Astronomiae Copernicanae) erscheint
1620	Er muss zur Verteidigung der Mutter nach Württemberg reisen. Sie wird im Hexenprozess auf Grund seiner Initiative freigesprochen
1622	Keplers Mutter Katharina stirbt
1626–1627	Ulm
1627	Kepler lässt die »Rudolfinischen Tafeln« auf eigene Kosten drucken
1628	Die Gehaltsschulden des Kaisers belaufen sich inzwischen auf 12.000 Gulden
1628	Teile des »Traums vom Mond« (Somnium) werden gedruckt
1628–1630	Hofastronom in Sagan bei Wallenstein
1630	Kepler stirbt in Regensburg, wohin er zum Eintreiben seiner Gehaltsrückstände geritten war, an einem »hitzigen Fieber«

Christoph Scheiner und die Sonnenflecken (1573–1650)

Es gibt noch einen weiteren großen Gelehrten, der sich um das neue Weltbild verdient gemacht hat: Christoph Scheiner S.J. Das S.J. hinter seinem Namen bedeutet Societas Jesu und bezeichnet den Orden der Jesuiten. Scheiner gehörte dem berühmten Orden der Jesuiten an. Er stand im 16. Jahrhundert mit der gesamten naturforschenden Elite Europas im Briefverkehr. Unabhängig von Galilei, entdeckte Scheiner die Sonnenflecken. Auch er löste einen gewaltigen Schock in der katholischen Kirche aus. Denn Maria sollte makellos wie die Sonne sein. Wenn man die Texte der Bibel zu wörtlich auffasste, taugte das lieb gewordene Bild von der fleckenreinen Sonne, dem *Sol immaculatus*, zu einer schlichten Marienverehrung nicht mehr.

Christoph Scheiner wurde am 25. Juli 1573 in Wald bei Mindelheim geboren. In Dillingen und Ingolstadt studierte er Philosophie und Theologie. 1595 trat Scheiner in die Gesellschaft Jesu ein. Schon als junger Gelehrter hielt er Vorlesungen über praktische Geometrie, Astronomie und Optik und ein Seminar über das Fernrohr, was seine naturwissenschaftlichen Neigungen erkennen lässt. Scheiner wurde zu einem der herausragenden Naturwissenschaftler, dessen Leistungen unser Weltbild entscheidend beeinflusst haben. 1603 konstruierte er den Pantografen, das ist ein Zeicheninstrument, mit dessen Hilfe man Linien oder ein Bild in vergrößertem oder verkleinertem Maßstab kopieren kann. Im Turmzimmer der Heilig-Kreuz-Kirche zu Ingolstadt hatte er sich ein Observatorium eingerichtet. Von hier aus beobachtete er mit seinem Schüler Johann Babtist Cysat die Sonne und bestimmte als Erster ihre Rotationszeit. Da die Flecken unvereinbar mit der kirchlichen Lehre von der Reinheit und Unveränderlichkeit des Himmels und der Gestirne waren, durfte er als Ordensmann seine Entdeckung nur unter dem Pseudonym »Apelles« veröffentlichen. Man war sich nicht sicher, ob diese Entdeckung nur perfider Taschenspielertrick des Teufels war. Galilei hatte bereits vor Scheiner die Sonnenflecken beschrieben, weshalb ein heftiger Streit darüber entstand, wer nun als Erster die Sonnenflecken entdeckt hatte. Nach heutigem Kenntnisstand hatten aber bereits der Engländer Thomas Harriot und Johannes Fabricius aus Friesland vor dem großen Italiener die Sonnenflecken beobachtet. Trotzdem entfachte Galilei einen erbitterten Urheberrechtsstreit, in dem er Scheiner öffentlich des Plagiats, also des geistigen Diebstahls bezichtigte und ihm Unredlichkeit vorwarf. Der integere Scheiner war von dieser Unterstellung zutiefst getroffen.

1614 zeichnete er die erste Mondkarte mit Hilfe des gerade erfundenen »Holländischen Rohres«, wie damals das Fernrohr auch genannt wurde. Als Wanderkarte für Spaziergänge auf dem Mond würde diese Darstellung allerdings wenig taugen. Zwar gelang ihm einigermaßen die Darstellung der großen lunaren (den Mond betreffend) Strukturen, doch ist es unmöglich, kleinere Krater zu identifizieren.

Für eure Lernbox

Lebensdaten	Christoph Scheiner (geb. am 25. Juli 1573 in Wald bei Mindelheim, gest. am 18. Juli 1650 in Neiße) ist der wohl berühmteste unter den einst in Ingolstadt wirkenden Astronomen.
Herkunft	Über seine Familie und seine Kindheit ist nichts bekannt.
1591 Ausbildung	Ab Mai 1591 war er Schüler des Jesuitengymnasiums in Augsburg, das er als Rhetor abschloss.
1595 Eintritt in den Jesuiten-Orden	Am 26. Oktober 1595 trat Scheiner in das Noviziat der Gesellschaft Jesu in Landsberg ein.
1609 Priesterweihe	Die Priesterweihe empfing er 1609 in Eichstätt.
1617 Gelübde	Die letzten Gelübde der Armut, Ehelosigkeit, des Gehorsams und der Papstverpflichtung legte er 1617 in Ingolstadt ab.
1610–1617 Studium der Philosophie und Theologie	Sein Philosophiestudium in Ingolstadt und Dillingen schloss er mit dem Magister Artium ab, das Theologiestudium in Ingolstadt mit dem Doktorat.
Beruf	in Ingolstadt Professor für Mathematik und Hebräisch

Vorlesungen	Er hielt Vorlesungen über Sonnenuhren, über praktische Geometrie, Astronomie und Optik und ein Seminar über das Fernrohr. Auch fallen in diese Zeit seine bedeutendsten literarischen Arbeiten, wenn sie zum Teil auch erst viel später gedruckt wurden.
Lebensstationen	Nach Aufenthalten in Innsbruck, Freiburg im Breisgau und Wien kam Scheiner 1622 nach Neisse in Schlesien, wo am 23. April des darauffolgenden Jahres die Jesuitenniederlassung mit ihm als Hausoberen eröffnet wurde.
Endstation	Nach Aufenthalten in Rom und Wien in den Jahren 1624–1637 kehrte Scheiner nach Neisse zurück, wo er seine letzten 13 Lebensjahre verbrachte.
Tod	Scheiner starb am 18. Juli 1650 an den Folgen eines Schlaganfalls.

Warum ist es nachts dunkel? – Eine Antwort von Heinrich Olbers

So eine blöde Frage, denkt ihr wahrscheinlich. Doch genau betrachtet ist sie so dumm auch wieder nicht, wenn man bedenkt, was alles außer der Sonne sonst Helligkeit im Weltraum erzeugt. 1744 hatte sich J.P.L. Cassaux diese Frage zum ersten Mal gestellt, doch er fand die richtige Antwort nicht. Andere Großdenker, wie z.B. Isaak Newton oder sein Freund Edmund Halley (jener nach dem der berühmte Komet benannt wurde), bissen sich ebenfalls die Zähne an der Frage aus. Auch Johannes Kepler musste passen. Die Frage war in der Tat nicht einfach zu beantworten. Die richtige Lösung wird dem Bremer Arzt und Amateurastronomen Heinrich Olbers zugeschrieben, unter dessen Namen das

Problem in die Wissen-
schaftsgeschichte ein-
ging: als Olberssches
Paradoxon. Er nahm
an, dass vielleicht in-
terstellare Nebel das
Licht weit entfernter
Sterne verschlucken.
Aber das konnte nicht
die richtigen Antwort

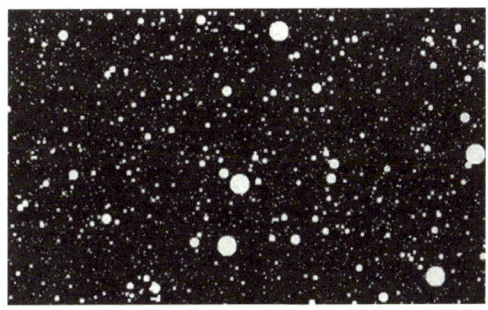

sein, denn wäre das so, so würden sich diese Nebel mittlerweile so sehr
aufgeheizt haben, dass sie selbst glühen würden, weshalb der Nachthimmel taghell sein müsste. »... *Wohl uns! daß nicht jeder Punkt des
Himmelsgewölbes Sonnenlicht auf die Erde herabsendet. Die unerträg-
liche Helligkeit, die alle Vergleichung übersteigende Hitze, die dann
herrschen würde, nicht einmal betrachtet* ...«. Ein Paradoxon sind Widersprüche zwischen scheinbar überzeugenden Argumenten und der
Realität[6]. Dass der Nachthimmel dunkel ist, ließ eigentlich für Olbers
nur den Schluss zu, dass das Weltall nicht unendlich groß und alt sein
kann. Wegen dieser scharfsinnigen Erkenntnis trägt das Paradoxon seinen Namen.

Zu Beginn des 20. Jahrhunderts, als Edwin Hubble die Expansion des
Universums entdeckte, erkannte man, dass ein expandierendes Universum sich von einem Ur-Punkt fortbewegt. Könnte man die Expansion
in einem Film sehen, der rückwärts läuft, würde das Universum in sich
zusammenfallen. Zurzeit ist das Universum einfach noch nicht groß
genug, um so viele Sterne zu haben, damit an jedem Punkt des Himmels ein Stern steht. Um das Problem deutlich zu machen, entwickelte
der amerikanische Kosmologe E. R. Harrison folgende Analogie: Wie
groß muss ein Wald sein, damit man nicht mehr durchschauen kann,
weil alle Stämme den Blick verstellen? Nur wenn er nicht allzu groß ist,
können wir durch einige unausgefüllte Lücken zwischen den Stämmen
blicken. Wäre also das Universum unendlich groß, so müsste in der
Tat an jedem Punkt des Himmels ein Stern stehen, weswegen auch der
Nachthimmel taghell sein müsste.

---

[6] Richter, Das Olberssche Paradoxon. Bremen, 1995

Für eure Lernbox

* Wer war Heinrich Olbers (1758–1840)? Heinrich Wilhelm Matthias Olbers wurde als Pastorensohn in Arbergen bei Bremen 1758 geboren. Er war praktischer Arzt, doch seit seinem Studium in Göttingen galt er auch als Amateurastronom. Er wurde durch seine Abhandlung »Über die leichteste und bequemste Methode, die Bahn von Kometen zu berechnen« (1797) in der Astronomie bekannt. Diese Berechnungsmethode ist noch heute nicht überholt.
Unter Olbers wurde Bremen zeitweilig zu einem führenden Zentrum der Astronomie.

* **Das Olberssche Paradoxon**
Um 1800 hatte sich die falsche Vorstellung unter den Astronomen durchgesetzt, das Universum und die Zeit seien unendlich – ganz im Gegensatz zur Bibel, die klar von einem Anfang und einem Ende spricht. Diese irrige Vorstellung geht auf Giordano Bruno (16. Jh.) zurück.
Vor diesem Hintergrund entstand zwangsläufig die Frage, warum es in der Nacht eigentlich dunkel wird. Wenn nun das Universum unendlich groß und alt sei, so logelte Olbers, so müsse sich doch an jedem Punkt am Fir-

mament ein Stern befinden. Deswegen müsste dann an jedem Punkt des Himmels ein Stern stehen.

* Der amerikanische Kosmologe Harrison übertrug die Probleme des Olbersschen Paradoxons auf die Frage, wo bei einem Wald die Sichtbarkeitsgrenze läge – ab wann es unmöglich wäre, durch eine Baumlücke zu schauen.

* Wenn die einzelnen Bäume etwa 10 m auseinander stehen, liegt die Sichtbarkeitsgrenze schon bei 200 m.

3. Unsere Heimat im großen Weltall
Das Sonnensystem

Die Entstehung des Sonnensystems –
Oder: Wir sind aus Sternenstaub

Nach diesem spannenden Ausflug in die Geschichte der Weltbilder wollen wir uns noch einmal dem Anfang des Sonnensystems zuwenden. Das Sonnensystem hat mit einer ungeheuren Explosion begonnen. Astronomen sprechen hier gerne von einer Schöpfungsexplosion. Ein Stern der ersten Generation hatte all seinen Brennstoff verbraucht und sich zum Roten Riesenstern aufgebläht. Rote Riesen sind Sterne, die mit ihrer Entwicklung am Ende sind, also sterbende Sterne.

Bild © NASA

Ihr seht: Auch im Kosmos gibt es Leben und Sterben, wenn auch anders als auf der Erde. Sterne beenden ihr Leben als sogenannte Supernova, das heißt, sie vernichten sich selbst in einer gigantischen Explosion. Übrig bleibt nur eine Wolke mit Urmaterie, aus der ein neues Sonnensystem der 2. Generation entsteht.

Am Winterhimmel kann man mit bloßem Auge solch einen Riesenstern sehen. Es ist Beteigeuze im Orion. Das ist arabisch und bedeutet »Schulter«. Dieses wunderschöne Sternbild kann man während des ganzen Winters immer am Südhimmel erblicken. Sein rechter Schulterstern ist solch ein Roter Riese. In wenigen zehntausend Jahren wird auch er als Supernova am Himmel grell aufleuchten und schon nach wenigen Monaten für immer verschwunden sein.

Ihr kennt das ja: Wenn Holz verbrennt, entsteht Asche. Etwas Ähnliches gibt es auch im Kosmos, wenn Sterne verbrannt sind. Gleichsam als Asche einer Sternenexplosion entstand eine riesige Urwolke, die durch das Weltall waberte und immer schneller zu rotieren begann.

Durch die Rotation verdichtete sich die Materie immer mehr und nahm die Form einer diskusförmigen Scheibe an. 99 % der Urmaterie strebten zur Mitte der Scheibe. Als dort eine bestimmte Materiendichte erreicht war, kam es zu einer nuklearen Reaktion – und unsere Sonne war geboren. Diesen Moment gibt das Bild wieder.

In der Materienscheibe, die übriggeblieben und nicht zur Sonne geworden war, entstanden kleine Wirbel, aus denen durch *Akkretion* die Protoplaneten, das sind Planeten in einem Frühstadium, entstanden. Zwischen den Planetenbahnen befanden sich noch unzählig viele Asteroiden. So nennt man den übriggebliebenen Bauschutt des Sonnensystems. Sie wurden von der Schwerkraft der Planeten eingefangen und prasselten über viele Millionen Jahre auf die Erde. Dadurch entstand Hitze, und diese kinetische Energie[7] brachte die unfertigen Planeten, also auch unsere Erde, wieder zum Glühen. Jetzt fand die Entmischungsphase statt: Die schweren Elemente sanken in die Tiefe hinunter zum Erdkern. Ihr müsst euch vorstellen, dass in dieser Phase alles noch extrem heiß und flüssig war. Für diesen frühesten Zeitpunkt der Erde gibt es einen Namen: das Hadäan – eine Anlehnung an den Hades, die griechische Unterwelt.

Für eure Lernbox

* Die Aschereste einer Supernova-Explosion sind das Ausgangsmaterial für künftige Sonnensysteme.
* 99 % der Urmaterie konzentrierten sich im Zentrum und wurden zur Sonne
* Aus nur 1 % bestehen alle Planeten und ihre 80 Monde.
* Es bildeten sich kleine Wirbel in der Urmaterie, die zu Planeten wurden.
* Die Planetenbahnen wurden durch die Titus-Bode-Regel errechnet. Sie besagt, wie sich die Position der Planeten berechnen lässt.
* Zwischen den Planeten befanden sich viele Materiereste der Urwolke. Sie stürzten in sich zusammen und bildeten die Urplaneten (Protoplaneten). Da sie bereits eine eigene Schwerkraft besaßen, sammelten sie immer mehr Urmaterie ein, wodurch die

[7] Bewegungsenergie: Durch Reibung entsteht Hitze

Planeten immer größer wurden. Durch den Einschlag der unzähligen Meteoriten heizten die Planeten sich wieder auf und begannen durch die kinetische Energie erneut zu glühen. Als alle Urmaterie eingefangen war, gingen die Einschläge zurück und die Planeten kühlten wieder ab.

* Man nennt diese ganz frühe Zeit in der Erdgeschichte das Hadäan. Alle Planeten haben diese Phase durchgemacht. Vermutlich war in dieser Zeit das Wasser auf dem Mars flüssig und schuf die flussartigen Formen, die nur flüssiges Wasser schaffen kann.

* Als die Erde sich abzukühlen begann, fand die Entmischungsphase statt. Die schweren Elemente sanken hinunter zum Erdkern. Es bildeten sich die ersten Urkontinente, die inzwischen alle wieder aufgeschmolzen wurden.

Das Planetensystem

Nachdem ihr euch jetzt im Weltall und in seiner Entstehungsgeschichte schon ziemlich gut auskennt, möchte ich mit euch noch etwas genauer unsere nähere kosmische Heimat erkunden. Unsere Erde gehört zu den acht Planeten, die die Sonne umkreisen wie die Fliegen eine Lampe. Es wäre ganz gut, wenn ihr euch die Namen in der richtigen Reihenfolge merken würdet. Das ist nicht schwer, wenn ihr euch folgenden Merkspruch einprägt: Mein Vater Erklärt Mir Jeden Sonntag Unseren Nachthimmel – Merkur, Venus, Erde, Mars, Jupiter, Saturn, Uranus, Neptun[8]. Bis zum August 2006 besaß auch Pluto einen Planetenstatus. Seit dem 24. 8. 2006 hat er ihn verloren. Er gilt jetzt nur noch als Zwergplanet im Kuipergürtel.

Wenn ihr euch das Bild anseht, könnt ihr erkennen, dass es zwei Gruppen gibt, links und rechts. Tatsächlich unterteilt man das Sonnen- oder Planetensystem in zwei Teile, das innere und das äußere Planetensystem. Die vier inneren, kleineren Planeten sind Steinplaneten: Merkur, Venus, Erde und Mars. Weiter draußen folgen die vier Gasriesen: Jupiter, Saturn, Uranus und Neptun. Jeder Planet unterscheidet sich sehr

---

[8] Verfasser des Merksatzes ist Günther Schröder (1920–1999).

67

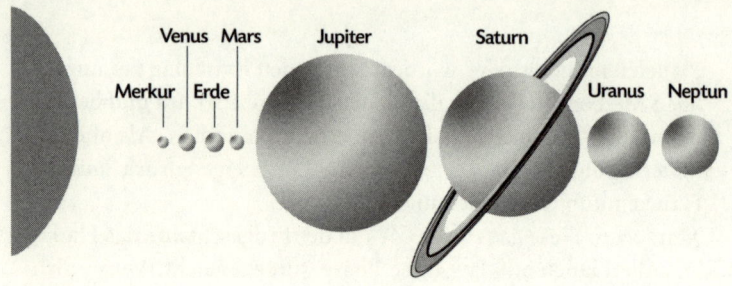

vom anderen. Zwischen Mars und Jupiter klafft eine gewaltige Lücke. Lange nahm man an, dass sich hier einmal ein Planet befunden hätte, der durch die Kollision mit einem Asteroiden in tausend Stücke zerbrochen war. Mittlerweile weiß man aber, dass die Materie nur $^1/_{10}$ der Mondmasse ausmacht. Für einen untergegangenen Planeten wäre das zu wenig Masse.

Alle Planeten sind das Ergebnis der *Akretion*. Was das bedeutet, will ich kurz erklären: Bevor das Planetensystem existierte, waberte eine Urmaterienwolke durchs All, die sich um die eigene Achse drehte. Materie, daran müsst ihr euch erinnern, übt immer eine Anziehungskraft auf andere Materie aus. Daher prallen die Materiebrocken aufeinander, glühen durch den Zusammenprall auf und schweißen sich aneinander. Diese Akretionsmassen wurden immer größer. Je größer die Protoplaneten wurden, desto größer wurde auch ihre Anziehungskraft. Im Zentrum sammelten sich 99,8 % der Gesamtmasse der Urgaswolke. In dem Moment, als sich dort genügend Materie gesammelt hatte, entzündete sich in der Sonne mit einem Schlag eine Kernfusion. Eine unglaublich starke Materienfront raste wie ein gewaltiger kosmischer Sturm durchs Weltall. Den inneren Planeten – Merkur, Venus, Erde wurde die Ur-Atmosphäre weggeblasen – zurück blieben vier kleine Steinplaneten. Der Partikelsturm von der Sonne reichte aber nicht mehr aus, um die Gashüllen von Jupiter, Saturn, Uranus und Neptun wegzublasen. Dazu waren die Planeten bereits zu weit von der Sonne weg. Auch hatten die Mega-Planeten eine zu große Gravitationskraft, weshalb sie ihre Atmosphäre festhalten konnten. Da die Venus und die Erde geologisch aktiv sind, bildete sich dort wieder eine neue Atmosphäre.

Für eure Lernbox

﹡ Alle Planeten, einschließlich der Sonne, entstanden durch Akretion. Von Akretion sprechen die Physiker, wenn sich die Urmaterie zu Protoplaneten zusammenballt.

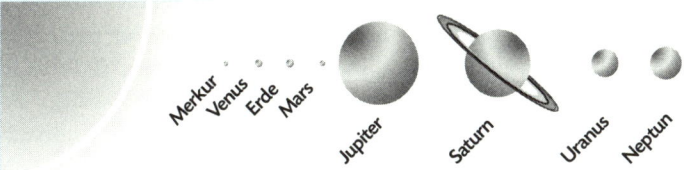

Relative Größe der Planeten zueinander.

Die Umlaufbahn der Planeten.

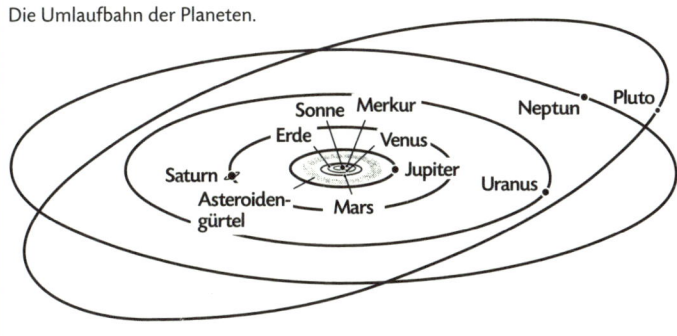

﹡ Das Planetensystem lässt sich in zwei Gruppen einteilen. Das innere Planetensystem mit den Steinplaneten. Dies sind Merkur – Venus – Erde – Mars. Das äußere Planetensystem der Gasriesen. Dies sind Jupiter – Saturn – Uranus – Neptun. Da der Sonnenwind wegen der enormen Entfernung die Gasplaneten nicht mehr erreichen konnte, blieb bei ihnen die Gashülle erhalten.
﹡ Um sich die richtige Reihenfolge der Planeten im Sonnensystem merken zu können, hilft folgender Merkspruch: »Mein Vater erklärt mir jeden Sonntag unseren Nachthimmel.« Der Urheber dieses Merksatzes ist der ehemalige Bielefelder Realschuldirektor Günther Schröder (1920–1999).

Die Sonne

Soviel wissen wir inzwischen: Im Zentrum unseres Sonnensystems steht die Sonne. Und diese zusammen mit den acht Planeten gehört zu unserer heimatlichen Milchstraße, (Galaxie). Unter den Milliarden Sternen, aus denen unsere Heimatgalaxie, die Milchstraße, besteht, nimmt sie als Stern nur eine Mittelstellung ein. Innerhalb unseres Sonnensystems ist sie allerdings bei weitem das größte Gestirn. Sie enthält 99,99 % der gesamten Masse unseres Sonnensystems. Der Durchmesser der Sonne beträgt 1.390.000 Kilometer. Damit ihr euch das besser vorstellen könnt: 109 Erden würde es benötigen, um den Durchmesser der Sonne darzustellen und in ihrem Inneren würden über 1,3 Millionen Erden Platz finden.

Der Sonnenkern ist eine wahre Hölle mit unvorstellbarer Hitze. Die Temperatur liegt bei 15,6 Millionen Kelvin und der Druck bei 250 Milliarden Atmosphären. Wenn Temperaturen in Kelvin (K) angegeben werden, brauchte ihr nicht in Panik zu geraten. Ihr müsst einfach 273,2°C dazu addieren. Temperaturangaben, die über 10.000° liegen, brauchen nicht mehr umgerechnet zu werden, denn nun unterscheiden sich die Temperaturen nicht mehr wesentlich. Die Sonne rotiert einmal um ihre Achse in etwa 25 Tagen. An den Polen dauert eine Umdrehung allerdings 36 Tage. Die Sonne besteht aus 75 % Wasserstoff und 25 % Helium. Diese Verhältnisse verändern sich langsam mit der Zeit, weil die Sonne in ihrem Inneren Wasserstoff zu Helium fusioniert.

Vielleicht seid ihr erstaunt, wenn ihr hört, dass die Oberfläche der Sonne nur 6.000 K. heiß ist. Aber auch auf der Sonne sind die Temperaturen nicht überall gleich. Sonnenflecken sind »kühle« Regionen von lediglich 3.800 K. Sonnenflecken können bis zu 50.000 km² groß sein. Auf der Sonne geschehen laufend Eruptionen, durch die gigantisch viel Materie ins Weltall geschleudert wird. Das nennt man Sonnenwind. Würde diese Materie auf die Erde auftreffen, würde alles Leben sofort vernichtet werden. Dieser Sonnenwind (im Wesentlichen Elektronen und Protonen), weht mit der unvorstellbaren Geschwindigkeit von 450 km/sec durchs Weltall. Der Sonnenwind hat sogar Auswirkungen auf die Kometen und bläst die Kometenschweife immer so, dass sie nie zur Sonne hindeuten. Auch hat der Sonnenwind eine messbare Auswirkung auf die Flugbahn von Satelliten. Immer wieder finden Sonneneruptionen statt. Als Folge treten herrliche Polarlichter auf, die auch in unseren Breiten gesehen werden können.

Leider haben die elektromagnetischen Stürme von der Sonne die empfindliche Elektronik der japanischen Marssonde Nozomi (japanisch für Hoffnung) zerstört.

Euch ist jetzt klar, dass die Sonne nicht schon ewig am Himmel war: Sie ist zur gleichen Zeit wie die Planeten entstanden und etwa 4½ Milliarden Jahre alt. Seit ihrer Geburt hat sie ungefähr die Hälfte des Wasserstoffs in ihrem Kern verbraucht. In 5 Milliarden Jahren wird ihr Wasserstoffvorrat aufgebraucht sein. Am Ende ihres Lebens wird die Sonne damit beginnen, Helium zu schweren Elementen zu verbrennen. Dabei wird sie zum ›Roten Riesen‹ anschwellen und so groß werden, dass sie sogar noch die Erdbahn erreichen wird. Nach einer weiteren Milliarde Jahren als ›Roter Riese‹ wird sie plötzlich zu einem ›Weißen Zwerg‹ zusammenfallen, um dann irgendwann einmal endgültig zu verlöschen.

Für eure Lernbox

Masse (kg)	$1,989 \cdot 10^{30}$
Masse (Erde = 1)	332.830
Äquatorialer Radius (km)	695.000
Äquatorialer Radius (Erde = 1)	108,97
Durchschnittliche Dichte (g/cm3)	1,410
Rotationsdauer (Tage)	25–36*
Fluchtgeschwindigkeit (km/s)	618,02
Helligkeit (ergs/s)	$3,827 \cdot 10^{33}$
Durchschnittliche Oberflächentemperatur	6.000° C
Alter (Milliarden Jahre)	4,5

Die wesentlichen chemischen Bestandteile

Wasserstoff	92,1 %
Helium	7,8 %
Sauerstoff	0,061 %
Kohlenstoff	0,030 %
Stickstoff	0,0084 %
Neon	0,0076 %
Eisen	0,0037 %
Silizium	0,0031 %
Magensium	0,0024 %
Schwefel	0,0015 %
Alle anderen	0,0015 %

* Die Sonne ist das bei weitem größte Objekt in unserem Sonnensystem.
* Sie enthält mehr als 99,8 % der gesamten Masse des Sonnensystems.
* Die Sonne ist einer von mehr als 100 Milliarden Sternen in unserer Galaxis.
* Der Sonnenwind und die energiereicheren Partikel, die von Sonnenfackeln ausgeworfen werden, können dramatische Effekte auf der Erde nach sich ziehen, die von Spannungsschwankungen in Überlandleitungen über Radiowelleninterferenzen bis zu den wundervollen Nordlichtern reichen können.
* Die Energie der Sonne entsteht aus Kernfusion.
* Die Sonne dürfte seit 4,6 Milliarden Jahren aktiv sein und besitzt noch genug Brennstoff, um etwa weitere fünf Milliarden Jahre zu brennen.
* In jeder Sekunde werden 700 Millionen Tonnen Wasserstoff in Helium-Asche umgewandelt.
* Diese Energie benötigt eine Million Jahre, um an die Oberfläche zu gelangen.
* Gegen Ende ihres Daseins wird die Sonne damit beginnen, Helium zu schwereren Elementen zu verbrennen, und dabei soweit anschwellen, bis sie letztes Endes so groß ist, dass sie sogar die Marsbahn erreicht.
* Von der Erde aus können wir mit bloßem Auge einen solchen Roten Riesen sehen.

Merkur mit Vulkan

Vulkan – ein Planet, der keiner ist

Nun muss ich euch von einer ganz merkwürdigen Beobachtung berichten, die in der Mitte des 19. Jahrhunderts der Direktor der Sternwarte von Paris, Le Verrier, machte, als er den Planeten Merkur beobachtete. In dieser Zeit war längst bekannt, dass die Merkurbahn um die Sonne nicht kreisförmig, sondern eine langgezogene Ellipse ist. Merkur kommt der Sonne bis zu 46 Millionen Kilometer nahe. Durch die elliptische Bahn entfernt er sich auf 70 Millionen Kilometer. Le Verrier stellte aber fest, dass Merkur sich nicht auf einer »sauberen« Ellipse um die Sonne dreht, sondern dass dieser Planet nach einer Runde um die Sonne nicht wieder zum selben Ausgangspunkt zurückkehrt. Irgendetwas störte die Bahn Merkurs ein wenig. Solche Bahnstörungen, das wusste man längst, werden durch einen anderen Planeten hervorgerufen. Darum schloss Le Verrier daraus, dass es noch einen weiteren, unbekannten Planeten geben müsse, der Merkurs Bahn störte.

Merkur ist wegen seiner Sonnennähe nur schwer zu beobachten. Wenn Merkur zu nahe bei der Sonne steht, sind die Chancen, ihn zu sehen, gleich Null. Die einzige Möglichkeit, einen innerhalb der Merkurbahn laufenden Planeten oder innermerkurischen Asteroidengürtel zu beobachten, ist während einer totalen Sonnenfinsternis oder wenn dieser vor der Sonne vorbeiwandert. Prof. Wolf vom Züricher Sonnenflecken-Datenzentrum fand eine Reihe verdächtiger »Punkte« auf der Sonne. Ein anderer Astronom fand sogar noch ein paar mehr. Das deutete alles auf einen Asteroidengürtel hin, der sich zwischen Merkur und Sonne befinden muss. Im Jahre 1859 erhielt Le Verrier einen Brief von dem Amateurastronom Lescarbault. Der berichtete, am 26. März 1859 einen runden schwarzen Fleck auf der Sonne gesehen zu haben, der wie ein an der Sonne vorbeilaufender Planet aussah. Er hatte den Fleck 75 Minuten lang gesehen, wie er sich über ein Viertel des Sonnendurchmessers weiterbewegte. Le Verrier überprüfte diese Beobachtung und berechnete daraus eine Umlaufbahn. Le Verrier war sich nun ganz sicher, dass er einen neuen Planeten entdeckt hatte. Die Umweltbedingungen müssen wegen der Sonnennähe ungeheuerlich sein. Daher nannte er ihn Vulkan. 1860 und 1878 fanden zwei Sonnenfinsternisse statt. Zwei Beobachter behaupteten, in der unmittelbaren Umgebung der Sonne kleine leuchtende Scheiben gesehen zu haben, bei denen es sich nur um kleine Planeten innerhalb der Merkurbahn gehandelt haben kann. Lewis Swift (Co-Entdecker des Kometen Swift-Tuttle, welcher im Jahre 1992 wiederkehrte), hatte ebenfalls einen ›Stern‹ gesehen, den er für Vulkan hielt. Allerdings fand er ihn an keiner der beiden Stellen, an denen Watson seine beiden ›Intra-Merkure‹ beobachtet hatte. Das Merkwürdige dabei ist, dass nach diesen Ereignissen niemand mehr den oder die Vulkan(e) noch einmal gesehen hat, und dies trotz mehrerer Suchaktionen bei verschiedenen totalen Sonnenfinsternissen. Im Jahre 1916 veröffentlichte Albert Einstein seine Allgemeine Relativitätstheorie, welche die Störungen der Merkurbewegung erklärte, ohne dafür einen unbekannten Intra-Merkur-Planeten (Planeten, die sich zwischen Merkur und der Sonne befinden) zu benötigen. Doch was hatten die Astronomen wirklich gesehen? Swift und Watson könnten in der Hektik, noch während der totalen Abdunkelung der Sonne Beobachtungen zu machen, ihre Punkte mit Sternen verwechselt haben, so dass sie glaubten, Vulkan gesehen zu haben.

Für eure Lernbox

* In der Mitte des 19. Jahrhunderts erkannte der Leiter der Pariser Sternwarte, Le Verrier, dass die Umlaufbahn Merkurs um die Sonne etwas gestört war. Merkur kehrte nach einer Runde um die Sonne nicht wieder zum selben Ausgangspunkt zurück, sondern unmittelbar daneben.
* Haargenau registrierte Le Verrier die Positionen von Merkur in seinem Perihel[9], also dem sonnennächsten Punkt.
* Dieser Perihelpunkt verschob sich mit jedem Umlauf, was schließlich zu einer Drehung des Perihelpunktes um die Sonne führte.
* Mittlerweile hat man errechnet, dass Merkur für eine Periheldrehung 225.000 Jahre benötigt.
* Da Bahnstörungen fast immer durch andere Planeten hervorgerufen werden, schloss er, dass sich hinter der Merkurbahn noch ein weiterer Planet befinden musste.

---

[9] Perihel = bei der Sonne. Aphel = weit weg von der Sonne. Nach dem 2. Kepler'schen Gesetz umkreisen alle Planeten die Sonne in einer elliptischen Umlaufbahn. Ein Ende der Ellipse steht nahe bei der Sonne (perihel), das andere Ende der Ellipse ist sonnenfern (aphel).

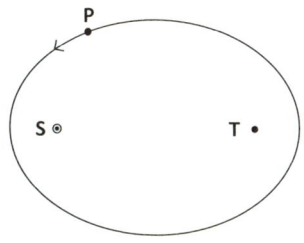

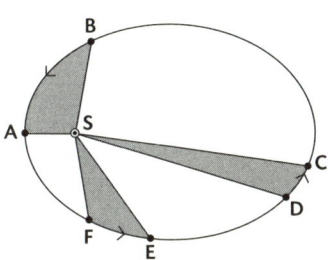

Das 1. Kepler'sche Gesetz: Planeten (P) bewegen sich in Ellipsen, in deren einem Brennpunkt die Sonne (S) steht.

Das 2. Kepler'sche Gesetz: Die Verbindungslinie Sonne – Planet überstreicht in gleichen Zeiten gleiche Flächen. Ein Planet braucht also von B nach A genauso lange wie von F nach E oder D nach C; die gestrichelten Flächen BSA, FSE und DSC sind gleich groß

* Da sich der angenommene Planet hinter Merkur befinden musste, wäre er so nahe an der Sonne, dass er nicht mehr beobachtet werden kann, da ihn der Sonnenschein überstrahlt.
* Kurz nachdem Le Verrier seine Berechnungen veröffentlicht hatte, meldete sich der französische Landarzt und Amateurastronom Dr. Edmond Lescarbault bei ihm und erzählte ihm, dass er einen schwarzen Fleck auf der Sonne gesehen habe.
* Er vermutete eine Transitgeschwindigkeit von etwa 4½ Stunden.
* Beide Wissenschaftler kamen zusammen und berechneten aus den vorliegenden Daten die Umlaufbahn des Planeten.
* Die Berechnung ergab, dass der neue Planet rund 21 Millionen Kilometer von der Sonne entfernt sein musste.
* Das ist ungefähr 1/3 der Merkurentfernung.

Der Planet Merkur

Es gibt einen Planeten, den ihr alle gut kennt und schon oft gesehen habt, das ist die Venus, unser Abendstern. Den Merkur hingegen haben nur wenige Menschen je bewusst wahrgenommen, obwohl er relativ oft am Himmel zu sehen ist. Von Johannes Kepler wird berichtet, dass er von Merkur wohl wusste, doch hatte er ihn selbst nie gesehen. Kepler, das muss man wissen, war zwar ein exzellenter Theoretiker, aber ein miserabler Beobachter, da er, wie ich euch weiter oben schon erzählt habe, stark sehbehindert war. Wenn ihr mal kurz nach Sonnenuntergang, tief im Westen, dort wo gerade die Sonne untergegangen ist, einen kleinen Lichtpunkt entdeckt, dann seht ihr wahrscheinlich den Planeten Merkur.

Bild © NASA

Schon seit dem 3. Jahrtausend v.Ch. war der innerste Planet des Sonnensystems den Menschen bekannt. Merkur ist der dunkelste unter den Planeten, sein Albedowert[10] beträgt nur 0,12. Albedo nennen die Physiker die Rückstrahlkraft des Lichts. Je heller ein Gegenstand ist, desto mehr Licht reflektiert er. 0,12 ist ein sehr kleiner Wert, denn es sind nur 12 % des einfallenden Lichts, das reflektiert wird. Und das macht es natürlich auch schwierig, Merkur mit dem Teleskop zu beobachten. Deshalb wusste man lange nichts über den Planeten. Seine Beobachtung wird auch noch dadurch erschwert, dass er immer sehr nahe bei der Sonne steht. Als Mitte der siebziger Jahre die Raumsonde Mariner 10 am Merkur vorbei flog, konnte man zum ersten Mal seine Oberfläche sehen. Doch was man sah, konnte man fast nicht glauben – dieser Planet sieht unserem Mond ähnlich.

Da er sozusagen auf der Innenbahn läuft, umrundet er die Sonne in nur 88 Tagen. Ein Tag auf dem Merkur dauert aber fast 59 Erdtage. Seine Umlaufbahn um die Sonne ist extrem elliptisch. Das führt dazu, dass Merkur bei Sonnennähe in seiner Rotation angehalten wird. Die Sonne scheint – vom Merkur aus gesehen – für einige Zeit unbeweglich am Himmel zu stehen. Erst wenn Merkur im Aphel (Sonnenferne) steht, gibt die Sonne ihn wieder frei und er beginnt erneut zu rotieren. Jetzt erst kann die Sonne wieder untergehen. Durch dieses merkwürdige Verhalten sieht man immer nur dieselbe Seite des Planeten, weshalb man lange annahm, dass Merkur, wie der Mond, eine gebundene Rotation

[10] Albedo, *die; -,*Rückstrahlvermögen einer nicht selbst leuchtenden Oberfläche

hat. Die alten Griechen hatten zwei verschiedene Namen für ihn. Wenn er morgens am Himmel stand, hieß er Apollon. Als Abendstern hieß er, weil er in wenigen Tagen über den Himmel eilt, Hermes. Hermes war in der griechischen Mythologie der Götterbote. Als Arbeitskleidung trug er geflügelte Sandalen und eine geflügelte Kappe.

Für eure Lernbox

* Merkur ist von den acht Planeten unseres Sonnensystems der innerste Planet. Er ist nur ein winziges Lichtpünktchen am Morgen- oder am Abendhimmel. Bei den Griechen hieß er als Morgenstern *Apollon* und als Abendstern *Hermes*. In der griechischen Göttermythologie war er der Götterbote. Man erkennt den Gott Hermes an seinen geflügelten Sandalen und dem geflügelten Helm.

* Da der Merkur nur eine schwache Rückstrahlkraft (Albedo) besitzt, ist er nicht leicht am Himmel zu finden. Die Albedo der Planeten beträgt im Schnitt 0,3 α. Das heißt, 30 % der einfallenden Sonnenstrahlung werden in den Weltraum reflektiert. Die Albedo für Neuschnee liegt bei 90 %, Wiesen 15–35 %, Wald 5–20 %. Die Albedo unseres Erdenmondes liegt bei etwa 12 %.

* Zwischen Erde und Sonne befinden sich nur Merkur und Venus. Gelegentlich wandern diese Planeten scheinbar durch die Sonnenscheibe (Transit). Solche *Transite* sind aber sehr seltene Vorgänge. Der letzte Merkurtransit fand im Mai 2003 statt.

* Der Merkur besitzt eine eigenartige Rotationseigenschaft. Seine Bahn um die Sonne ist stark elliptisch. Daher steht er gelegentlich der Sonne sehr nahe bzw. fern. Steht er nahe bei der Sonne, wird seine Rotationsgeschwindigkeit so sehr abgebremst, dass er still steht. Erst wenn er sich wegen seiner elliptischen Bahn von der Sonne genügend entfernt hat, überwindet er die Anziehungskraft der Sonne und beginnt sich wieder zu drehen.

Venus

Ihr könnt fast sicher sein: Wenn ihr am Morgen oder am Abend einen auffallend hellen Stern am Himmel seht, so ist das die Venus. Sie ist das dritthellste Objekt am Himmel neben Sonne und Vollmond. Schon den alten Völkern war sie wohl bekannt. Die Griechen kannten sie unter zwei Namen: Als Morgenstern unter Eosphorus (= Trägerin der Morgenröte) und als Abendstern unter Hesperus. Da der Wandelstern (so heißt »Planet« auf Deutsch) immer hell glänzend am Himmel steht, erhielt er bei den Römern den Namen der Göttin der Schönheit – Venus. Aus diesem Grund erhielten fast alle Oberflächenmerkmale weibliche Namen. Die Umlaufbahn der Venus ist die kreisförmigste aller Planeten mit einer Abweichung (Exzentrik) von weniger als 1 %. Von der Sonne aus gesehen ist Venus der zweitnächste Planet.

Ihr erinnert euch, dass vor etwa 400 Jahren der Holländer Lipperhey das Fernrohr erfunden hat. Damit begann eine neue Epoche in der Planetenforschung: die Teleskopastronomie. Als Galilei mit einem selbstgebauten Fernrohr zur Venus blickte, konnte er keine Details erkennen. Galilei nahm darum richtig an, dass die Venus von dichten Wolken umhüllt sein müsse. Auch entdeckte er, dass die Venus, wie unser Mond, verschiedene Sichtbarkeitsphasen hat. Er bemerkte, dass die »volle« Venus klein erscheint und daher weiter weg sein muss, während die schmale Venussichel sehr viel größer erscheint und dass der Planet dann näher bei der Erde stehen müsse. Diese Entdeckung war für ihn ein weiterer Beweis, dass sich alle Planeten um die Sonne bewegen.

Die Rotation der Venus ist auch sehr ungewöhnlich. Während die anderen Planeten sich gegen den Uhrzeigersinn bewegen, rotiert die Venus außerordentlich langsam von Ost nach West (retrograd). Dadurch geht auf der Venus die Sonne im Westen auf und im Osten unter. Ein Venustag dauert länger als ein Venusjahr. Man hat übrigens festgestellt, dass die Venus der Erde immer dieselbe Seite zeigt. Ob dies nun purer Zufall oder ein Koppelungseffekt ist, wissen wir nicht.

Die Venus wird gerne als Schwesterplanet der Erde bezeichnet. Venus und Erde sind beide fast gleich groß. Allerdings sind die Bedingungen auf beiden Planeten höchst unterschiedlich. Der Druck der Venusatmosphäre beträgt 90 ATÜ. Das entspricht etwa dem Wasserdruck in 1.000 m Wassertiefe. Die Luft besteht fast nur aus Kohlendioxid, weshalb auf ihr ein extremes Treibhausklima herrscht. Die Sonnenstrahlen können ungehindert eindringen. Wegen des CO_2 (Kohlendioxid) kann der Planet aber keine Wärmestrahlen an den Weltraum abgeben. Mittlerweile hat sich die Venusoberfläche bereits auf 400° C aufgeheizt. Das ist heiß genug, um Blei zum Schmelzen zu bringen.

Für eure Lernbox

* Die Venus ist nach Merkur der zweite Planet im Sonnensystem. Ihre Umlaufbahn beträgt 108.200.000 Km (0,72 AE)
* Die Venus wird gern als Schwesterplanet der Erde bezeichnet. Sie ist nur geringfügig kleiner als die Erde: Erde = 12.756 km; Venus 12.104 km (95 %). Allerdings besitzt sie eine dichte CO_2-Atmosphäre, weshalb auf der Venus ein Treibhausklima herrscht. Beim Treibhauseffekt kann das Sonnenlicht durch die Atmosphäre eindringen. Beim Auftreffen verwandelt sich die kurzwellige Lichtstrahlung in langwellige Wärmestrahlung. Der CO_2-Anteil verhindert die Wärmeabstrahlung in den Weltraum. Die gefangene Wärme heizt den Planeten auf.
* Die Umlaufbahn der Venus weicht nur zu 1 % vom Kreis ab.
* Ein Venustag dauert länger als ein Venusjahr. Die Venus umkreist die Sonne in 225 (Erd-)Tagen. Ein Venustag dauert 274 Tage. Die Rotation ist retrograd. Dadurch würden alle Gestirne im Westen auf- und in Osten untergehen.
* Bei den Griechen hieß die Venus Eosphoros. Mythologisch ist die Venus die Göttin der Liebe und Schönheit.

Erforschung der Venus
* Mariner 2 war die erste Sonde, die 1962 die Venus besuchte.
* Die sowjetische Sonde VENERA 9 war die erste Forschungssonde, die von der Venusoberfläche Photos machte.
* Die US-Sonde Magellan hat die ersten detaillierten Radarphotos von der Venusoberfläche gemacht.

Bilder von der Venusoberfläche

Die Venus hat 1962 von der Erde aus Besuch bekommen, als die amerikanische Weltraumsonde Mariner 2 an ihr vorbei flog. Erst seitdem wissen wir etwas mehr über sie. Obwohl die Venus unser nächster Planet und nach dem Mond das hellste Objekt am Himmel ist, wussten wir vor dem Besuch der Venera-Sonden (UdSSR) und den amerikanischen Mariner-Sonden so gut wie nichts über den Planeten. Eine dichte Wolkendecke verhinderte einen Blick auf ihre Oberfläche. Da sie näher als die Erde bei der Sonne steht, glaubte man bis in die 60er Jahre des 20. Jahrhunderts, dass die Venus belebt sein könnte. Durch die Sonnennähe und die dichten Wolken müsste es dort so heiß und feucht wie in einer Waschküche sein. In dem tropischen Klima musste es ein reiches Pflanzenleben geben, vermutete man. Da sie der erdähnlichste aller Planeten im Sonnensystem ist, war es höchst wahrscheinlich, dass ein Venustag ähnlich lang war wie ein Erdentag.

Bild © NASA

Denn nicht einmal die Rotation ließ sich genau beobachten, weil es keine markanten Punkte auf der Venus gibt. Betrachtet man die Venus durch ein Fernrohr, erscheint sie uns wie eine weiße Billardkugel. Die Astronomen hielten lange Jahre Ausschau nach einer Bergspitze, die aus den Wolken ragte. Damit hätte man einen Punkt gehabt, um die Rotation berechnen zu können. Man fand keine Geländemarke, also war es nicht möglich, die Rotationsgeschwindigkeit der Venus zu erkennen. Dennoch lässt sich am Beispiel der Venus die Geschichte der Astronomie erzählen:

684 v. Chr.: Schrifttafeln aus Babylonien enthalten die ersten Aufzeichnungen von Venusbeobachtungen.

1610 n. Chr.: Galileo Galilei richtet sein Fernrohr auf die Venus und erkennt, dass sie wie unser Mond verschiedene Beleuchtungsphasen zeigt. Dies ist ein wichtiger Beweis, dass die Venus um die Sonne läuft und das heliozentrische Weltbild des Kopernikus richtig ist. Da man keine geographischen Strukturen auf ihr erkennen kann, vermutet er, dass die Venus eine dichte Atmosphäre besitzt.

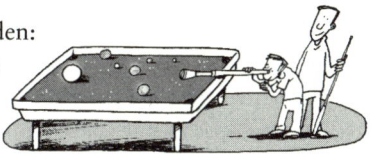

1962 Astronomie mit Weltraumsonden: Die amerikanische Weltraumsonde Mariner 2 fliegt an der Venus vorbei. Radarechos durchdringen die dicke Wolkenschicht. Amerikanische Astronomen errechnen die richtige Rotationszeit von einer Umdrehung in 243 Tagen. Zur großen Verblüffung stellen sie fest, dass sich die Venus in retrograder Richtung dreht, d.h., sie dreht sich in entgegengesetzte Richtung zu den anderen Planeten. Die Sonne geht also im Westen auf und nach fast einem Jahr (243 Tage) später im Osten wieder unter.

Für eure Lernbox

* Normalerweise ist die Venus unser nächster Nachbarplanet. Nur wenn der Mars in Opposition zur Sonne steht, ist er der Erde noch näher als die Venus.
* Nach dem Mond ist die Venus das hellste Objekt am Himmel.
* Als man nur mit den Teleskopen Astronomie betrieb, hatte man keine Ahnung, wie es auf der Oberfläche der Venus aussieht. Eine dichte Atmosphäre verhindert einen Blick auf die Venusoberfläche.
* Nachdem die amerikanischen Sonden die ersten Messdaten zur Erde geschickt hatten, sah man, dass die Venus eine dichte Atmosphäre besitzt, die am Boden einen Druck von 90 AT ausübt.
* Als Folge eines außer Kontrolle geratenen Treibhauseffekts steigt die Temperatur an der Oberfläche auf +465°C an.
* Als die ersten russischen Venussonden landeten, bestätigten sich die Messergebnisse der amerikanischen Mariner-Sonden.
* Ein Luftdruck von 90 BAR entspricht dem Druck, der in einer Meerestiefe von 890 m herrscht.
* Da die Venusatmosphäre zu 96 % aus Kohlendioxid besteht, herrscht auf der Venus ein Treibhausklima, das längst außer Kontrolle geraten ist. Die Temperatur auf der Venusoberfläche beträgt +465°C. Bei dieser Hitze würde sich Blei sofort verflüssigen.

Gibt es auf der Venus doch Leben?

Glaubt ihr, dass es auf der Venus Leben gibt? Schon die Vorstellung scheint bei diesen Umweltfaktoren purer Unsinn. Nichts auf diesem Planeten spricht für die Möglichkeit von Leben. Luftdruck: 90 Bar. Oberflächentemperatur: +465°C. Kohlendioxid-Atmosphäre: PH-Wert 0. Batteriesäure hat einen PH-Wert von 1PH, also noch saurer als Schwefelsäure. Auf der Erde gibt es nur wenige Lebensformen, die in solch saurem Milieu überleben können. Da die Venus näher bei der Sonne steht, ist deren Strahlungsintensität absolut tödlich. Auf den ersten Blick ist die Venus wohl kein Kandidat für einen möglichen Lebensträger.

Der Astrobiologe Dirk Schulze-Makuch hat dennoch verschiedene Hinweise gesammelt, dass ein Leben auf der Venus nicht gänzlich chancenlos ist. Schulze-Makuch fiel auf, dass viele Messdaten der Venussonden Fragen aufwerfen. Erstens: Die Einstrahlung der Sonne und die vielen Blitze erzeugen auf der Venus Kohlenmonoxid. Man fand aber in der Venusatmosphäre viel weniger davon als erwartet. Das lässt den Schluss zu, dass Mikroorganismen es wieder abgebaut haben. Zweitens: In der Venusatmosphäre kom-

Bild © NASA

men Schwefelwasserstoff wie auch Schwefeldioxid vor. Diese beiden Moleküle reagieren miteinander, was bedeutet, dass sie gar nicht nebeneinander vorkommen dürften – es sei denn, sie werden von Mikroorganismen ständig wieder neu produziert. Drittens – und das ist besonders mysteriös: das Vorhandensein von Carbonysulfid (OCS). Dieses Molekül entsteht kaum auf anorganischem Weg und gilt daher bei Biologen als Hinweis auf biologische Aktivität. Viertens: Die amerikanische Sonde Pioneer Venus-2 registrierte bei ihrem Abstieg durch die Venus Atmosphäre Partikel in Bakteriengröße. Die dunklen Flecken auf dem UV-Bild geben auch zu denken. Es könnte sich um UV-absorbierende Mikroorganismen handeln, die als schwarze Schlieren durch die Venusatmosphäre ziehen. Das Venusprojekt »Venus Express« der Europäischen Weltraum Organisation soll Licht in das Dunkel bringen. Allerdings soll nicht unterschlagen werden, dass die Indizien für biologische Aktivitäten auch anders erklärt werden können. Licht in die Ungereimtheiten sollen künftige Venusprojekte bringen.

Man vermutet, dass früher die Umweltbedingungen auf der Venus ähnlich wie auf der Erde waren. Irgendwann geriet aber das Klima außer

Kontrolle. Als der Treibhauseffekt die Venus immer mehr aufheizte und die Atmosphäre immer schwerer wurde, bekamen die Mikroorganismen immer mehr Auftrieb und stiegen immer höher in die Atmosphäre. In 50 km Höhe sind die Lebensbedingungen mit +70°C für das Leben gar nicht mehr so schlecht. Der Luftdruck in dieser Höhe entspricht dem irdischen Luftdruck. Hier befindet sich auch genügend Wasserdampf – die Grundlage für Leben. Dirk Schulze-Makuch (University of Texas) vermutet in den schwarzen Schlieren sogar UV-Licht-absorbierende Bakterien.

Für eure Lernbox

* Oberflächentemperatur: +465°C.
* Luftdruck am Boden: 90 Bar – das entspricht dem Druck in einer Wassertiefe auf der Erde von 900 m.
* Atmosphäre: 96 % Kohlendioxid (CO_2), Stickstoff (N2) und Wasserdampf. Zusätzlich enthält die Atmosphäre Schwefelverbindungen.
* Durch den hohen Anteil von Kohlendioxid in der Atmosphäre besitzt die Venus ein Treibhausklima, das die Atmosphäre auf +465°C aufgeheizt hat.
* Die stark ätzende Schwefelsäure hat die Sonden in wenigen Minuten aufgelöst.

Hinweise auf Leben

Leben in Bodennähe auf der Venus zu vermuten ist eher unsinnig. Dennoch gibt es verschiedene Indizien, die auf biologische Aktivitäten deuten:

* Die Einstrahlung der Sonne und die ständigen elektrischen Entladungen müssen große Mengen an Kohlenmonoxid produzieren. Messungen haben ergeben, dass die Venusatmosphäre zu wenig CO_2 enthält. Mikroorganismen könnten es abgebaut haben.
* In der Venusatmosphäre befinden sich sowohl Schwefelwasserstoff als auch Schwefeldioxid. Da Schwefelwasserstoff und Schwefeldioxid miteinander reagieren, müssen sie ständig neu produziert werden – z. B. durch Mikroorganismen.

* Besonders rätselhaft ist das Vorhandensein von Carbonylsulfid. Carbonylsulfid kann nur sehr schwer unter anorganischen Bedingungen entstehen und ist daher ein starkes Indiz für biologische Aktivität.
* Beim Abstieg von Pioneer Venus-2 wurden bakteriengroße Partikel in der Atmosphäre registriert.

Wie das Leben auf der Venus entstanden sein könnte

* Panspermie: Lebenskeime reisen in Asteroiden und Kometen durchs Sonnensystem.
* Das Leben ist auf der Venus durch physikalisch-chemische Prozesse entstanden.
* Früher existierten erdähnliche Zustände, also perfekte Lebensräume.

Kann das Leben in den Säurewolken überleben?

* Die Venuswolken haben einen PH-Wert von 0 PH. Zur Erinnerung: pH 1–<7 liegt im sauren Bereich. pH 0 neutral. Blut, destilliertes Wasser. pH >7–12 ist alkalisch.
* Auf der Erde gibt es nur wenige Organismen, die unter diesen Bedingungen überleben können, z.B. Ferroplasma acidarmanus.
* Auch wenn die Venuswolken sehr sauer sind, wird die Säure durch Wasserdampf in 50 km Höhe stark verdünnt.

Nischen für das Leben

* In 50 km Höhe sind die Bedingungen für Leben gar nicht so schlecht. Die Temperatur ist auf etwa +70°C gesunken. Der Luftdruck in dieser Höhe entspricht etwa dem Luftdruck auf der Erde.

Wenn die Venus über die Sonne läuft: Venustransit

Wenn sich verschiedene Himmelskörper auf verschiedenen Bahnen am Himmel bewegen, braucht es uns nicht zu wundern, wenn sich ihre Bahnen kreuzen. Von der Erde aus gesehen kann das so aussehen, als würden sie zusammenstoßen, doch in Wirklichkeit sind sie meist ganz weit voneinander entfernt. Wenn sich Venus und Sonne begegnen, sieht es so aus, als würde die kleine Venus über die riesige Sonne

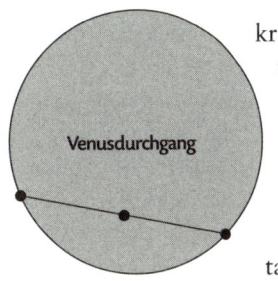

Venusdurchgang

krabbeln wie ein winziges Käferchen. Die Astronomen nennen solche Ereignisse Transite. Ein Transit oder »Durchgang« des Planeten Venus vor der Sonnenscheibe zählt zu den seltensten astronomischen Ereignissen. Der Dienstag, 8. Juni 2004, war so ein ganz besonderer Tag. Da fand in den Vormittagsstunden ein Transit der Venus durch die Sonne statt, der sogar in ganz Europa beobachtbar war. Hinzu kam noch, dass das Wetter damals mitspielte und der Himmel über Deutschland wolkenlos war. Über fünfeinhalb Stunden, von 7:40–13:20 konnte man den Transit verfolgen – ein unerhörter Glücksfall. Da die Durchgänge immer im Doppelpack stattfinden, findet der nächste Venustransit bereits wieder in 8 Jahren statt. Danach legt die Venus wieder eine gut 110 Jahre dauernde Pause ein, bevor sie wieder durch die Sonne wandert. Ein Kind, das nach 2012 geboren wird, wird in seinem Leben nie einen Venustransit erleben – auch nicht dessen Kinder – sondern erst wieder dessen Enkel.

Venusdurchgänge haben in der Wissenschaft schon immer eine wichtige Rolle gespielt. Bei einem Venustransit lässt sich die Entfernung der Erde von der Sonne genau berechnen. Wie das geht, ist noch etwas zu schwierig für euch. Das hat mit trigonometrischen Strahlensätzen zu tun, die man vielleicht in der Oberstufe am Gymnasium lernt. Das möchte ich euch ersparen.

Im 18. Jahrhundert unternahmen England und Frankreich große Anstrengungen, um den Transit eines Planeten zu beobachten. Dieses astronomische Ereignis hat zu einer internationalen Zusammenarbeit geführt, wie es sie davor noch nie gegeben hatte. Um den Venustransit beobachten zu können, gab es Expeditionen in die Südsee. Die berühmteste ist wohl die Expedition der Endeavour[11] unter James Cook nach Tahiti. Trotz der internationalen Anstrengungen war der erreichte Wert für die exakte Berechnung der Erde von der Sonne (1 AE= Astronomische Einheit) zu ungenau. Die Berechnungen damals ergaben, dass die Erde zwischen 145 und 155 Millionen km von der Sonne entfernt sein müsste. Tatsächlich beträgt ihr exakter Abstand aber knapp 150 Millionen km.

Am Dienstag, den 8. Juni 2004, um 7:40, trat die Venus in die Sonnenscheibe ein, dort wo die Spitze des Stundenzeigers auf 8 Uhr hindeuten

---

[11] Endeavour [endever] = die Anstrengung, das Bemühen

würde. Ganz langsam wanderte das Pünktchen von Osten nach Westen und verließ um 13.20 die Sonnenscheibe wieder. Da die Venus eine dichte Atmosphäre hat, konnte man bei jeder Berührung des Sonnenrandes das Phänomen des schwarzen Tropfens beobachten. Es scheint so, als ob sich das Pünktchen der Venus beim Ein- und Austritt der Sonnenscheibe nicht von deren Rand lösen kann. Die kleine schwarze Scheibe wird dann für einige Sekunden scheinbar in die Länge gezogen. Der Venusdurchgang ist mit bloßem Auge beobachtbar. Allerdings müsst ihr dabei ganz gut aufpassen und dürft auf keinen Fall ungeschützt in die Sonne schauen. Denn ihr wisst: Wer in die grelle Sonne blickt, riskiert sein Augenlicht.

Für eure Lernbox

Was ist ein Venus- (oder Merkur-)Transit?

* Bei einem Venustransit stehen Sonne, Venus oder Merkur und Erde exakt in einer Linie. Im Prinzip ist diese seltene planetare Konstellation einer Sonnenfinsternis vergleichbar, bei der sich der Mond vor die Sonne schiebt und diese verdunkelt. Allerdings ruft ein Venustransit wegen der großen Distanz zwischen Erde und Venus keine merkliche Verdunkelung auf der Erde hervor. Die Venus deckt im Gegensatz zum Mond nur einen winzigen Bruchteil (ca. ein Tausendstel) der Sonnenfläche ab. Sie wandert scheinbar als winziges schwarzes Scheibchen im Verlauf von mehreren Stunden westwärts über die Sonne.

* Der letzte Venustransit ereignete sich am 8. Juni 2004. Wegen des guten Wetters konnte das Phänomen in großen Teilen Europas beobachtet werden. Der Venusdurchgang durch die Sonne ließ sich mit bloßem Auge beobachten.

Wissenschaftliche Auswertung des Venusdurchgangs

* Es fanden auch koordinierte Parallelmessungen in Südasien und Australien statt. Ein Venustransit ist ein sehr seltenes Ereignis, von dem es in 120 Jahren nur zwei gibt. Der nächste wird 2012 stattfinden, der vorletzte Durchgang war am 6. Dezember 1882 zu beobachten. Im 20. Jahrhundert fand kein einziger Venusdurchgang statt. Ein Venustransit ist deshalb tatsächlich ein astronomisches Jahrhundertereignis und schon aufgrund seiner

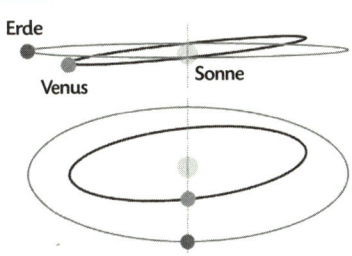

Seltenheit ein die Beobachtung lohnendes Himmelsschauspiel. Allerdings muss man dabei unbedingt geeignete Sonnenfilter benutzen, da man ansonsten erblinden könnte. Ursache für die Seltenheit des Venustransits ist die Neigung der Venusbahn gegenüber der Erdbahnebene um 3,4 Grad. Daher steht die Venus nicht bei jeder unteren Konjunktion ausreichend genau zwischen Erde und Sonne, sondern läuft in 98–99 von 100 Fällen ober- oder unterhalb »vorbei«.

* Hätten Venus und Erde eine identische Bahnebene, könnte man alle 1,6 Jahre einen Venusdurchgang beobachten.

Von einem Astronomen, der auszog, zwei Venusdurchgänge zu beobachten

Jetzt möchte ich euch eine ziemlich tragische Geschichte erzählen, die zeigt, wie es in früheren Zeiten einem Forscher ergehen konnte, wenn er Pech hatte. Als 1761 und 1769 wieder zwei aufeinander folgende Venusdurchgänge erwartet wurden, schickten die Royal Astronomical Society und die Akademie Française ganze Heerscharen von Wissenschaftlern nach Indien, von wo aus sich der Venusdurchgang am besten beobachten ließ. Wirklich alles Pech der Welt hatte der Astronom Guillaume Joseph Hyacinthe Jean Baptiste Le Gentil aus Brest. Obwohl er vom Unglück verfolgt wurde, entbehrt seine Geschichte, die ich hier erzählen möchte, nicht auch einer gewissen Komik. Wie wir wissen, treten Venustransite immer im Abstand von 8 und 120 Jahren auf. Wer also den ersten Durchgang durch widrige Umstände verpasst, hat acht Jahre später eine zweite Chance, die ›Schwarze Venus‹ vor der Sonnenscheibe noch einmal zu sehen. Wer allerdings auch diese Chance verpasst, hätte zu seinen Lebzeiten keine Möglichkeit mehr, einen

Durchgang zu erleben. Als 1761 und 1769 wieder zwei aufeinander folgende Venusdurchgänge erwartet wurden, war die gesamte europäische wissenschaftliche Fachwelt unterwegs.

Da von Indien aus der Venustransit am besten zu beobachten war, brach der Franzose Le Gentil schon zwei Jahre zuvor zu der französischen Besitzung Pondicherry auf. Seit sieben Jahren tobte dort ein Krieg zwischen Frankreich und England. Als die Franzosen die Schlacht verloren hatten, mussten sie die Stadt aufgeben und ohne Verzug abziehen. Le Gentile war nun gezwungen, den Venustransit von einem schwankenden Schiff auf hoher See zu beobachten. Wissenschaftliche Messungen waren da natürlich völlig ausgeschlossen. Doch was so ein wackerer Franzose ist, der gibt nicht so leicht auf. Da der nächste Transit schon acht Jahre danach stattfinden würde, und er nun schon mal in der Gegend war, entschloss sich Monsieur le Baron, so lange zu warten. Der Tag des Venustransits begann strahlend schön. Doch dann zogen Wolken auf und bedeckten den ganzen Himmel. Le Gentil konnte den Durchgang nur teilweise beobachten. Schlechtes Wetter hatte ihm den Transit in letzter Minute verpatzt. Niedergeschlagen entschied sich der unglückliche Astronom nun, doch die Heimreise anzutreten, schließlich war er schon seit über zehn Jahren unterwegs. Während er auf ein Schiff wartete, erkrankte er an der Ruhr und wäre fast daran gestorben. Von der Krankheit stark geschwächt, fand er ein Schiff zur Heimreise. Die Jahre des Leidens schienen jetzt endlich vorbei zu sein. Unterwegs jedoch wurde sein Schiff durch einen Hurrikan so stark beschädigt, dass es zur Reparatur wieder zum Ausgangshafen zurückkehren musste. Der Astronom, der ausgezogen war, um zwei Venustransite zu beobachten, jedoch keinen richtig sehen konnte, kam mit viel Verspätung nach Hause. Doch es kommt noch schlimmer: Jeder daheim hatte geglaubt, dass Guillaume inzwischen längst ein kühles Grab in fremder Erde gefunden hatte. Inzwischen war all sein Besitz redlich unter den Erben aufgeteilt und die Französische Akademie der Wissenschaften hatte inzwischen seinen Posten neu besetzt.

Erde

Als die Erde noch eine Hölle war: Das Hadaikum

Und nun zur Erde. Von der Sonne aus betrachtet, kommt nach Merkur und Venus als dritter Planet unsere Erde. Von ihr möchte ich euch jetzt etwas mehr erzählen. Es ist unglaublich, was die Forscher alles herausgefunden haben. Ihr wisst ja inzwischen, dass es in der Frühzeit des Sonnensystems ziemlich chaotisch zuging. Überall im Weltraum schwirrten noch riesige Asteroiden herum. Das waren die unverbrauchten Reste der Urmaterie, aus denen die Protoplaneten[12] entstanden waren. Viele der kosmischen Brocken hatten eine gewaltige Größe. Wenn sie in den Anziehungsbereich der Erde oder anderer Planeten gerieten, verließen sie ihre Bahn und schlugen in die noch unfertigen Planeten ein. Durch die Wucht des Einschlags entstand eine ungeheure Hitze, die Planeten wurden immer wieder aufgeheizt. Als würde in der Hölle einer immer wieder von neuem das Feuer anschüren. Astrophysiker nennen diese Epoche das *Hadaikum*, in Anlehnung an die Bezeichnung für die griechische Unterwelt, den Hades. Diese Zeit hat etwa 1,3 Milliarden Jahre gedauert. Aus dem Hadaikum gibt es natürlich keine Spuren mehr. Diese sind alle längt der Verwitterung (Erosion) zum Opfer gefallen. Diese Epoche ist daher mehr ein Gedankenmodell, welches die Astrophysiker mit diesem Szenario rekonstruiert haben. Davor prasselten die Asteroiden als dichter Geschossregen auf die Erde nieder. Die verbliebene Urmaterie wurde auf diese Weise im Weltraum immer weiter aufgebraucht. Nach und nach wurden die Einschläge seltener.

Nun begann eine neue Phase auf der Erde, das Hadaikum. Im glutflüssigen Erdkörper begannen sich nun die verschiedenen Arten der Materie zu sortieren, zu entmischen. Die schweren Elemente sanken zum Erdkern ab, während die leichten Stoffe als Schlacke oben auf schwammen. Die ersten Kontinente bildeten sich. Eine starke Vulkantätigkeit führte dazu, dass sich große Lavadecken ausbreiteten. Für Wasser war es in dieser Zeit auf der Erde noch viel zu heiß. Deshalb sah die Erde in ihren ersten Tagen noch wie der Mond aus, – allerdings von einer dichten Atmosphäre umhüllt.

Diese Uratmosphäre war dadurch entstanden, dass aus dem noch glutflüssigen Planeten eine Menge Gase ausströmten. Allerdings war sie

---

[12] hier: Urplaneten

höchst giftig, denn die Atmosphäre bestand noch hauptsächlich aus Methan, etwas Ammoniak sowie Wasserstoff und Wasser. Dies waren aber genau die richtigen Bedingungen für die Entstehung des Lebens. Doch noch fehlte das Wasser, und ohne Wasser kann kein Leben entstehen. Als die Erde unter 100°C abgekühlt war, öffnete der Himmel alle Schleusen und es regnete viele hunderttausend Jahre lang ohne Unterlass. Die Regentropfen erreichten am Anfang noch nicht die ausgeglühte Erdoberfläche, da sie immer noch zu heiß war. Der Regen verdampfte schon beim Fallen. Irgendwann erreichten aber die ersten Regentropfen den Boden, das Wasser sammelte sich, und die ersten Ozeane entstanden. Jetzt waren für die Entstehung des Lebens genau die richtigen Bedingungen gegeben. Leben entsteht immer dann, wenn es die chemischen und physikalischen Bedingungen zulassen.

Für eure Lernbox

* In der Frühzeit des Sonnensystems war der interplanetare Raum (der Raum zwischen den Planeten) noch mit unverbrauchter Materie angefüllt, die von den Planeten aufgrund ihrer Schwerkraft eingefangen wurde. Die Einschläge waren so häufig und stark, dass die Planeten sich wieder aufheizten und durch die Einschlagenergie wieder aufglühten.

* Nach dem griechischen Wort Hades wurde diese Epoche das Hadaikum genannt. Das Hadaikum fand auf allen Gesteinsplaneten (Merkur, Venus, Erde und Mars) statt. Durch die heftigen Einschläge heizte sich auch der Mars auf, weshalb sein gefrorenes Wasser wieder flüssig wurde und deutliche Erosionsrinnen durch das Abfließen hinterließ (Bild).

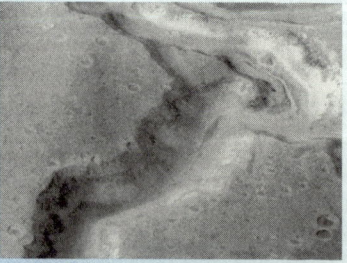

Bild © NASA

* Das Hadaikum hat etwa 1,3 Milliarden Jahre gedauert und war zu Ende, als das Baumaterial im Weltall aufgebraucht war. Aus dem Hadaikum gibt es keine Spuren mehr.

Die Entmischung der Erde

* Als die Erde noch glutflüssig war, waren alle Elemente auf ihr glutflüssig. Erst als die Einschläge weniger wurden und dadurch die kinetische Energie (Einschlagenergie) abnahm, konnte sie abkühlen, und das Gesteinsmaterial erstarrte.
* Die schwereren Elemente sanken zum Erdkern, während die leichteren Bestandteile oben auf schwammen und sich zu Urkontinenten verfestigten.
* Eine starke vulkanische Tätigkeit führte dazu, dass sich große Lavadecken ausbildeten.
* Aus den Vulkanen traten gewaltige Mengen von Kohlendioxid aus, die die Uratmosphäre bildeten. Die Uratmosphäre war ca. 60–mal so dicht wie heute.
* Auf der Erde drohte durch den Treibhauseffekt eine Entwicklung wie auf der Venus.
* Durch das Wasser in der Atmosphäre wurde das Kohlendioxid rausgewaschen.
  Als die Temperatur unter 100°C sank, konnte das Wasser das Kohlendioxid nach und nach in Form von Karbonat (Kalk) binden und es in den Urozeanen ablagern.

Der Planet des Lebens

Ihr seht, welch komplizierte Voraussetzungen es braucht, damit sich irgendwo Leben entwickeln kann. Da kann man sich schon fragen, ob es an anderen Orten im Weltall auch Leben gibt. Die Erde jedenfalls ist der einzige Planet, von dem wir sicher wissen, dass höheres Leben auf ihm existiert. Unsere Erde liegt exakt in der richtigen Entfernung zur Sonne, – in der sogenannten grünen Zone. Dadurch sind die richtigen Umweltbedingungen für ein komplexes Leben erst möglich. Auch die Zusammensetzung der Erdatmosphäre stimmt genau. Sie besteht aus 78 % Stickstoff, 21 % Sauerstoff und der Rest sind verschiedene Edelgase. Der hohe Stickstoffanteil verursacht einen natürlichen Treibhauseffekt, der die ideale Durchschnittstemperatur auf der Erde auf komfortable +15° C hält. Die Erde hat auch die richtige Menge an Wasser. Ungefähr 75 % der Erdoberfläche sind von Meeren bedeckt. Wäre die Rotation an die Sonne gebunden, würde der Wechsel von Tag und Nacht verhindert. Die Temperaturverteilung auf der Erde wäre

dann bizarr. Auf der Nachtseite würden ständig polare Temperaturen herrschen, während auf der Tagseite schon längst alles Leben durch die Sonne verbrannt wäre.

Zu den idealen Bedingungen für Leben auf der Erde gehören auch die besonderen Eigenschaften der Sonne. Hätte unsere Sonne nicht die richtige Masse, würde es auf der Erde zu kalt oder zu warm sein. Es ist also durchaus nicht egal, ob die Sonne groß oder klein ist. Eine zu große Sonne würde ihren Wasserstoff außerdem zu schnell verbrennen, wodurch das Leben nicht genügend Zeit gehabt hätte, um sich zu entwickeln. Eine weitere wichtige Bedingung ist das Vorhandensein mindestens eines Großplaneten. Großplaneten schützen die Erde vor Kometen- und Asteroideneinschlägen. Unser Sonnensystem hat jedoch gleich vier davon. Dadurch wird die Lücke kleiner, durch die ein Komet schlüpfen und auf der Erde Schaden anrichten könnte. Wären aber die Großplaneten zu nahe an der Erdbahn, würde ihre Gravitation die Erde ständig beeinflussen, wodurch sich die klimatischen Verhältnisse ständig ändern würden. Auch der Schalenaufbau der Erde ist für die Entwicklung des Lebens von sehr großer Bedeutung. Das Magnetfeld schützt die Erde vor dem Sonnenwind. Weit draußen im All wird der Sonnenwind rechtzeitig von der Magnetosphäre an der Erde vorbeigelenkt.

Es ist also unglaublich, wie viele Bedingungen erfüllt sein müssen, damit Leben entstehen kann. Ich habe nur einige wenige aufgezählt – doch wären sie nicht gegeben, würde es auf der Erde eben kein Leben geben. Zur größten Gefahr für das Leben auf der Erde ist inzwischen der Mensch selbst geworden. Sein eigenes Verhalten ist inzwischen längst zur massiven Bedrohung für den Planeten des Lebens geworden.

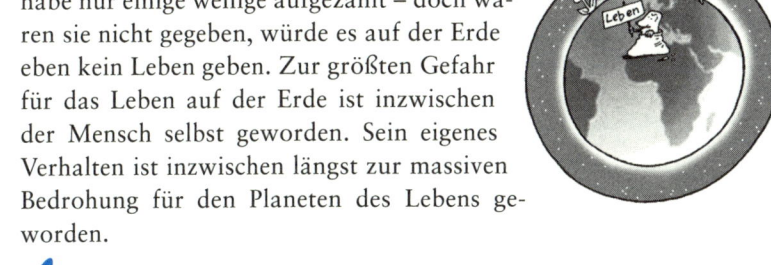

Für eure Lernbox

Bedingungen für die Entstehung von Leben
* Viele Galaxien haben für Leben nicht die richtige chemische Zusammensetzung. Obwohl Kugelsternhaufen eine Million Sterne besitzen, haben sie oft nicht genug Eisen, um Planeten von der Größe der Erde hervorzubringen.

Das richtige Sonnensystem
* Der richtige Sonnentyp: Die Sonne muss die richtige Größe haben. Eine zu große Sonne verbrennt ihren Brennstoff zu schnell. Viele Sterne haben sich bereits zu roten Riesen entwickelt. Viele Planeten werden durch eine Übersonne verbrannt. Eine zu kleine Sonne entwickelt zu wenig Wärme.

Die richtigen Bedingungen auf einem Planeten
* Der Planet muss die richtige Größe haben. Zu kleine Planeten haben nicht genügend Anziehungskraft um die Atmosphäre und flüssiges Wasser festzuhalten. Sie wird durch den Sonnenwind ins Weltall verweht. Zu große Planeten haben eine zu große Gravitation für Leben. Der Planet braucht einen heißen Kern und Plattentektonik. In einem flüssigen Erdmantel wird ein Magnetfeld hervorgebracht. Ein Magnetfeld schirmt die Erde vor kosmischen Strahlen ab.

Die richtigen Nachbarplaneten

* Andere Großplaneten in einem Sonnensystem sind unerlässlich, da sie den Planeten vor anfliegenden Kometen und Asteroiden abschirmen. Wenn die Riesenplaneten zu dicht sind, stören sie aber mit ihrer Gravitation eine stabile Umlaufbahn eines Planeten.

Die richtige Neigung der Erdachse

* Die Erdachse darf nicht zu stark geneigt sein. Eine zu starke Neigung verursacht zu krasse Temperaturunterschiede in den Jahreszeiten.

Ein großer Mond

* Er stabilisiert die Rotationsachse der Erde.
* Durch die Gezeiten werden die Weltmeere durchmischt.
* Durch den Gezeitenwandel gab es weite Gezeitenzonen an den Küsten. Sie waren die Trittsteine für das Leben, als es aus dem Meer auf das Land ging.

Die richtige Zusammensetzung der Atmosphäre

* Bei zu geringer CO_2-Konzentration wird eine Eiszeit ausgelöst. Bei einer zu hohen CO_2-Konzentration droht ein Treibhausklima.

Ein Grieche vermisst die Erde

Wer hat Spaß an einer besonderen Denksportaufgabe? Für die unter euch, bei denen das der Fall ist, möchte ich folgende Geschichte erzählen. Den Namen Albert Einstein habt ihr alle schon mal gehört. Er hat sich auch mit der Erforschung des Weltalls beschäftigt. Über 2000 Jahre vor ihm gab es einen berühmten Griechen namens Eratosthenes. Salopp gesprochen könnte man den Griechen Eratosthenes ohne Übertreibung als den Albert Einstein der Antike bezeichnen. Mathematiker geraten geradezu in Verzückung, wenn sie seinen Namen hören. Und das ganz zu Recht. Eratosthenes lebte bereits vor fast 2.300 Jahren. Er muss ein ungewöhnlich scharfsinniger Mann gewesen sein. Hauptberuflich war er Bibliothekar in der berühmtesten Bibliothek der Antike, in Alexandrien, die später von religiösen Eiferern angezündet und durch den Brand zerstört wurde. Dass er ein Denker der Superlative war, verrät schon sein griechischer Spitzname »Penthalos«, was Fünfkämpfer bedeutet: Er war Mathematiker, Geograph, Dichter, Historiker und Philologe. Eratosthenes vollbrachte allerlei mathematische Kunststückchen. So erfand er z.B. ein Verfahren zur Primzahlenbestimmung, das noch heute seinen Namen trägt: Das »Sieb des Eratosthenes«. Es wird noch unverändert in den Schulen gelehrt. Doch unter den Zeitgenossen gab es natürlich auch Neider. Sie nannten ihn boshaft »Beta« und wollten damit sagen, dass er in einer Wissenschaftsdisziplin eben nur der Zweite gewesen sei. Doch das war nur dummer Kollegenneid.

Der Name Eratosthenes ist untrennbar mit der ersten Berechnung des Erdumfangs verbunden. Heute wissen wir, dass der Erdumfang über die Pole gemessen exakt 40.008 km beträgt. Eratosthenes kam auf 39.744 km. Damit hatte er voll ins Schwarze getroffen. Von der wahren Größe der Dinge hatten damals selbst die Gelehrten nicht die geringste Ahnung. Anaxagoras von Klazomenai schätzte noch, dass die Sonne an Ausdehnung gewiss die Größe des Peloponnes übertreffen würde.

Über das, was schon lange her ist und von dem es auch keine genauen Angaben gibt, werden gerne Legenden erzählt. Daher liest man immer wieder die Geschichte von einem Brunnen in Syene, in dessen Wasser Eratosthenes das Spiegelbild der Sonne gesehen haben soll, als er am 21. Juni zufällig in diesen Brunnen hinunter geschaut hat. Natürlich wusste auch schon Eratosthenes, dass am Tag der Sommersonnenwende, also am 21. Juni, die Sonne wieder nach Süden zu wandern beginnt, weswegen die Schatten immer länger werden. An diesem Tag sind die Schatten am kürzesten. In Alexandrien warf der berühmte Obelisk immer einen Schatten, und an diesem Tag beträgt der Winkel des Schattens genau 7,5°. Das ist der 48. Teil eines Vollkreises. Da in Syene an diesem Tag kein Gegenstand einen Schatten warf, so folgerte er, müsse die Strecke zwischen Syene und Alexandrien der 48. Teil des Erdumfangs sein. Syene, das war bekannt, ist von Alexandrien etwa 828 km entfernt. Somit kam er auf den erstaunlich genauen Wert von 39.744 km. Leider ging das Wissen von der richtigen Größe der Erde verloren und man glaubte, dass sie viel kleiner sei. Das war aber ein Glücksfall, denn hätte Kolumbus gewusst, dass der Atlantik in Wirklichkeit über dreitausend Kilometer breiter war, hätte er die Entdeckung Amerikas bestimmt um einige Jahre verschoben.

Für eure Lernbox

* Der Grieche Eratosthenes berechnete als erster den Erdumfang. Er war der Bibliothekar der bedeutendsten Bibliothek der Antike. Diese Bibliothek befand sich in Alexandrien. Der Auftrag der Bibliothek war, das Wissen der antiken Welt zu sammeln. 2.000 der besten Köpfe der Antike machten systematische Studien der Mathematik, Physik, Biologie, Astronomie, Geographie und Medizin. Zur Zeit der Bibliothek war Alexandria das geistige Zentrum der Welt.

Berechnung des Umfangs der Erde durch Eratosthenes

* Als Bibliothekar hatte er Zugang zu wichtigen Aufzeichnungen. Aus Aufzeichnungen wusste er, dass sich am 21. Juni die Sonne in einem tiefen Brunnen in Syene nahe der heutigen Stadt Assuan in Oberägypten spiegelt.

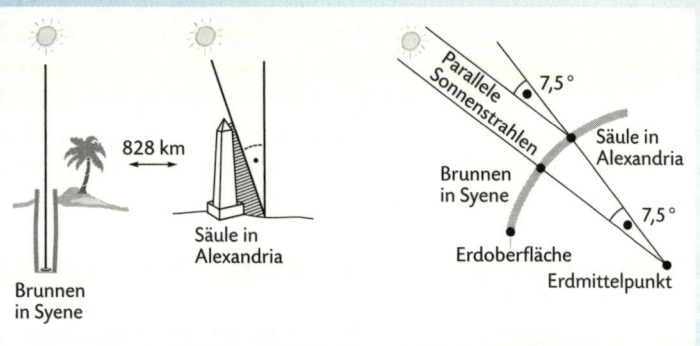

* In seiner Heimatstadt Alexandria warf der Obelisk einen Schatten von 7,5°. Dies war ein weiterer Beweis, dass die Erde eine Kugel sein musste.
* Mathematisch ist es nicht besonders schwer, aus den Angaben, die er zur Verfügung hatte, den Umfang der Erde zu berechnen, das Geniale aber liegt – wie so oft – in der Einfachheit.
* Die Entfernung von Syene nach Alexandria war auch damals schon bekannt. Syene liegt ungefähr am Wendekreis des Krebses, also dort, wo die Sonne an einem Tag im Juni direkt im Zenit steht und keinen Schatten mehr wirft.

* Es handelt sich um korrespondierende Winkel. 7,5° sind in den 360° eines ganzen Kreises achtundvierzigmal enthalten.
* Demnach beträgt der Umfang der Erde 48-mal 828 Kilometer, also 39.744 Kilometer.
* Mit diesem Ergebnis hatte Eratosthenes fast einen Volltreffer gelandet, denn er lag nur wenige Kilometer neben dem richtigen Ergebnis.

Wie der Mond entstanden ist

Jetzt kommen wir zum Mond, der als unser ständiger Begleiter noch zu unserem Planeten Erde gehört. Ohne unseren Mond können wir uns die Erde nur schwer vorstellen. Trotzdem war auch dies ein Zufall, dass wir ihn bekamen. Ein kosmischer Irrläufer von der Größe eines kleinen Planeten, der gerade dabei war, in die Sonne zu stürzen, kreuzte die Erdbahn und stieß mit der Erde zusammen. In einer gewaltigen Kollision wurde etwa ein Viertel der Erdmasse herausgeschlagen. Manche Astronomen vermuten, dass die Erde nach diesem Ereignis zeitweise einen Ring besessen haben müsse. Doch im Laufe der Zeit fügte die Materie sich wieder zusammen und ein neuer Himmelskörper war entstanden – unser Mond. Er ist quasi ein ›Kind‹ der Erde oder man könnte sagen, der siebte Kontinent – nur eben im All. Wir werden noch sehen, dass dieser kosmische Zwischenfall ein Glücksfall für die Entwicklung des Lebens war.

Auf der Erde hatten sich schlagartig alle Bedingungen für die Entwicklung des Lebens geändert. Vor dem Einschlag rotierte die Erde doppelt so schnell um ihre Achse. Ein Tag dauerte damals nur halb so lang wie heute. Dadurch wehten höllisch starke Winde über den Globus. Durch den Gezeiteneffekt[13] verlangsamte sich aber die Rotationsgeschwindigkeit. Tag und Nacht erreichten jetzt eine optimale Länge. Der riesige Mond stabilisierte auch die Erdachse, wodurch das Klima ausgeglichener wurde. Durch die große Nähe des Mondes waren die Gezeitenwellen noch viele Meter hoch. Erst als sich der Mond weit genug von der Erde entfernt hatte, wurde die Flut schwächer und die Gezeitenzone wurde gewissermaßen zu einer Brücke, auf der das Leben ans Land gehen konnte.

Der Mond zeigt uns immer die gleiche Seite, da seine Rotation von der

---

[13] Der Gezeiteneffekt entsteht durch die Anziehungskraft des Mondes

Erde so verlangsamt wurde, dass er sich nur einmal in 27 Tagen um seine eigene Achse dreht. In dieser Zeit umrundet er auch einmal die Erde, weshalb wir nie seine Rückseite sehen können. Die Astronomen sprechen hier von einer gebundenen Rotation. Die ersten Aufnahmen der Mondrückseite wurden 1959 von der sowjetischen Sonde LUNA 3 gemacht, aber die Aufnahmen waren damals noch sehr unscharf. Heute weiß man, dass die Rückseite des Mondes völlig anders aussieht, als die erdzugewandte Seite. Das liegt daran, dass sie wie ein Schutzschild ständig Meteore abfängt. Der Mond hat uns schon vor so manchen Meteoreinschlägen beschützt.

Für eure Lernbox

* Der irdische Mond entstand, als ein planetengroßer Himmelskörper mit der jungen Erde zusammenstieß. Durch das herausgeschlagene Material bildete sich vermutlich für eine Weile ein Ring um die Erde. Das von der Erde herausgeschlagene Material verdichtete sich und wurde zum Mond.
* Durch die hohe Anziehungskraft wurde die Rotationsgeschwindigkeit des Mondes abgebremst (Gezeiteneffekt).
* Er dreht sich in 27 Tagen um die eigene Achse, genau in der Zeit, in der er einmal die Erde umkreist. Dadurch zeigt er uns immer nur eine Seite.
* Vielen Menschen fällt es schwer, in den Mondbewegungen eine vollständige Rotation zu erkennen. Wenn ihr die Mondbewegungen mit einer Scheibe (z.B. einen Kronkorken) nachstellt und damit beispielsweise so um einen Apfel herumfahrt, dass immer die gleiche Seite zum Apfel zeigt, werdet ihr sofort sehen, dass dies nur möglich ist, wenn ihr den Kronkorken einmal dreht.
* Für die Erde hatte die Mondentstehung eine große Bedeutung. Vor der Entstehung des Mondes rotierte die Erde doppelt so schnell um ihre eigene Achse. Das hatte zur Folge, dass ein Tag

nur 12 Stunden dauerte und starke Stürme die Erde umtosten. Nach der Entstehung des Mondes wurde die Rotationsgeschwindigkeit der Erde abgebremst.

* Jedes Jahr entfernt sich der Mond um 3,8 cm von der Erde. Die Gezeiten werden immer schwächer.

* Durch die Anziehungskraft des Mondes auf die Erde wurde die Erdrotation immer stabiler. Jetzt torkelte die Erde auch nicht mehr durch das Weltall, ein Grund, warum auch die Jahreszeiten stabiler wurden.

Der Mond am Himmel

In dem Augenblick, als ein Vormensch zum ersten Mal zum Himmel aufblickte, um den Mond zu betrachten und er dessen Schönheit empfand, hatte er das Tierreich endgültig verlassen.

Noch heute berührt uns der Anblick des Vollmondes, wie er langsam in den Himmel steigt. Das geschieht alle 27 Tage. Nur in seiner Neumondphase ist er von der Erde aus maximal für drei Tage nicht zu sehen. Der Mond steht also fast immer am Nachthimmel. Vielleicht ist das der Grund, weshalb viele Menschen den Mond am Himmel oft nicht bemerken. Obwohl wir den Mond schon viele hundert Mal gesehen haben, sind nur wenige Menschen in der Lage, auch nur einen Krater oder ein Mar auf dem Mond zu benennen. Wer auf der Erde ein Gebirge oder ein Meer richtig benennen kann, verfügt über ein geografisches (griechisch gaia = Erde) Wissen. Wer sich auf dem Mond zurechtfinden will, muss sich in Selenografie (griechisch Selene = Mond) auskennen. Selene war die griechische Göttin des Mondes. Bekannter ist uns Luna, das lateinische Wort für Mond. Wer kennt schon die Stelle, auf die die sowjetische Raumsonde Luna 2 auf dem Mond zerschellte, oder wer kennt den Ort, an dem der erste Mensch, ein Amerikaner, seinen Fuß auf unseren Trabanten setzte?

Im 17. Jahrhundert, als man sich wissenschaftlich für den Mond zu interessieren begann, wurden die dunklen Flecken noch für Ozeane gehalten. Als Galileo Galilei das gerade in Holland

Bild © Heinz Beister

erfundene Fernrohr auf den Mond richtete, blickte er fasziniert auf eine neue Welt. Er bemerkte, dass die Berge rabenschwarze Schatten warfen. Daraus schloss er, dass der Mond keine Lufthülle haben konnte. Die Benennung der Landschaften auf dem Mond, die noch heute gültig ist, wurde im 17. Jahrhundert von Riccioli begonnen. Im Jahre 1651 gab er eine Mondkarte heraus. Er hatte die Landschaftselemente in drei Kategorien eingeteilt: Mare (Meer) – Montes (Gebirge) – Catena (Krater). Im 17. Jahrhundert glaubte man noch, dass der Mond das Wetter auf der Erde beeinflusse: Bei zunehmendem Mond wird das Wetter schön, während es sich bei abnehmendem Mond verschlechtere. Daher tragen die Landschaften, die bei zunehmendem Mond zuerst beschienen werden, angenehme Namen: Mare Tranquillaris (Meer der Ruhe), Mare Serenitatis (Meer der Heiterkeit), während sich die westliche Mondhälfte mit Schlechtwetternamen wie z.B. Mare Imbrium (Regenmeer) oder Mare Nubium (Wolkenmeer) begnügen muss. Als man aber die Unsinnigkeit jener Wetterregeln erkannte, wurde dieses skurrile Benennungssystem aufgegeben.

Für eure Lernbox

Selenografie
Karte der mit bloßem Auge sichtbaren Mondmeere und Landeplätze amerikanischer und sowjetischer Mondmissionen

Mare Imbrium (Regenmeer);

Mare Serenitatis (Meer der Heiterkeit): ein Meer von 303.000 km², fast so groß wie das Kaspische Meer auf der Erde.

Aristarkos: griechischer Philosoph 310–230 v. Chr., er lehrte als erster, dass die Erde um die Sonne kreist. Besonders heller Krater. Im Krater befindet sich das mit einem Fernglas sichtbare Schröter-Tal.

Montes Apenninus: In der Nähe der Hadley-Rille landete Apollo 15. Die Berggipfel ragen bis zu 5000 Meter in die Höhe. Das Gebirge hat eine Länge von 600 km.

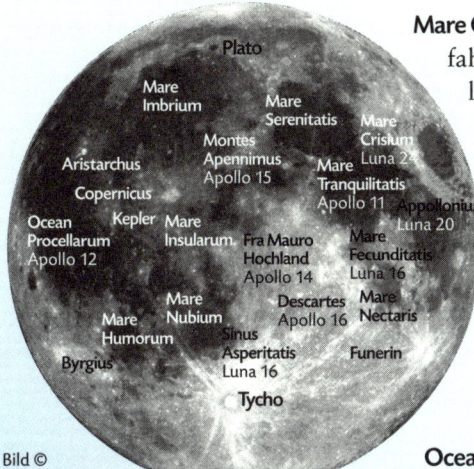

Mare Crisium (Meer der Gefahren): Dieses Meer ist leicht zu finden, da es sich oben auf der rechten Seite des Mondes befindet. Es ist etwa so groß wie Großbritannien. Es hat einen Durchmesser von 570 km. Hier zerschellte Luna 24.

Bild ©
Hendrik Heigl

Oceanus Porzellarum (Ozean der Stürme): Es ist das größte Mondmeer. Es ist aber etwas kleiner als das irdische Mittelmeer. Hier landete Apollo 12.

Kepler: Nach Johannes Kepler (1571–1670). Dieser geniale Theoretiker berechnete aufgrund der Beobachtungen von Tycho Brahe die drei nach ihm benannten Gesetze über die Bewegung der Planeten um die Sonne. Der ausgeprägte Krater ist gut sichtbar (Ø 32 km, Kraterrand 2750 m).

Copernicus: Benannt nach Nicolaus Copernicus (1473–1553) aus Thorn/Weichsel. Er gilt als der Begründer des heliozentrischen Weltbildes.

Mare Tranquillatis (Meer der Ruhe): Hier fanden 4 amerikanische Mondmissionen statt: Ranger 8 (Aufschlag 1965), Surveyor 5, (Untersuchung der Bodeneigenschaften 1965), Apollo 11 (Die ersten Menschen auf dem Mond: Armstrong und Aldrin, Collins auf der Umlaufbahn), Apollo 17 (Cernan und Schmitt auf dem Mond, Evans auf der Umlaufbahn).

Mare Fecundatis (Meer der Fruchtbarkeit): Landeplatz für zwei sowjetische Missionen. Luna 16 und 20 (Automatische Gesteinsprobenentnahme und anschließende Rückkehr zur Erde).

Mare Humorum (Meer der Feuchtigkeit): Etwas größer als Island.

Mare Nubium (Wolkenmeer): Nördlich des Kraters Tycho.

Mare Nectaris (Nektarmeer): Kreisförmiges Meer. Etwa 350 km Durchmesser.

Tycho: Bedeutendster Krater auf dem Mond mit einem hellen Strahlensystem. Am Nordrand des Kraters landete Surveyor 7 (1968). Er machte fast 30.000 Aufnahmen.

Finsternisse

Vielleicht hat der eine oder andere von euch schon mal eine Sonnen- oder Mondfinsternis miterlebt. Astronomen sprechen von einem Drei-Körper-Problem (DKP), da Sonne-Erde-Mond in direkter Verbindung zueinander stehen. Die drei Himmelskörper beeinflussen sich gegenseitig in ihrer Bewegung. Das DKP ist also ein klassisches Problem der Himmelsmechanik. Wenn wir Mond- oder Sonnenfinsternisse verstehen wollen, dann müssen wir uns ein bisschen genauer mit der Himmelsmechanik beschäftigen.

Bild © NASA

Ihr erinnert euch: Alle Planeten umkreisen die Sonne – selbstverständlich auch die Erde. Um die Erde kreist der Mond. Alle 27 Tage steht er zwischen Erde und Sonne. Würde unser Mond exakt auf der Äquatorebene die Erde umkreisen, könnte man jeden Monat irgendwo auf der Erde eine Sonnenfinsternis beobachten. Leider aber ist die Mondbahn um etwa 6° gekippt. Dadurch steht der Mond manchmal tiefer oder höher als die Sonne. Auch wenn man es nicht glauben will, es gibt mehr Sonnen- als Mondfinsternisse. In einem Jahrhundert finden etwa 150 Mond- und 240 Sonnenfinsternisse statt – irgendwo auf der Erde. Unsere Erde wirft auch einen Schatten in den Weltraum. Wenn die Mondbahn zufällig durch den Schattenkegel läuft, wird der Mond nicht mehr von der Sonne angeschienen und wird unsichtbar. Dann haben wir eine Mondfinsternis. Allerdings sind Sonnenfinsternisse sehr lokale Ereignisse, während Mondfinsternisse in größeren Regionen zu sehen sind und es uns wohl deshalb so erscheint, als wären sie häufiger.

Wenn eine Sonnenfinsternis stattfindet, versperrt der Mond quasi die freie Sicht zur Sonne. Unser Mond kreist in einer leicht elliptischen Bahn um die Erde. Dadurch steht der Mond manchmal näher bei der Erde, wodurch er optisch die Sonnenscheibe vollständig bedeckt. Steht er aber in einer erdfernen Position, so scheint der Mond etwas kleiner als die Sonnenscheibe zu sein, weshalb die Sonne noch über den Rand des Mondes schaut. Astronomen sprechen dann von einer ringförmigen Sonnenfinsternis.

So verblüffend es ist, Sonnenfinsternisse sind nicht schwer zu berechnen. Man muss nur den Saros-Zyklus kennen und der beträgt exakt 18 Jahre und $11^1/_3$ Tage. Babylonische und chinesische Astronomen kannten ihn bereits. Sonnen- und Mondfinsternisse waren damals von höchster religiöser Bedeutung. Als die beiden chinesischen Hofastronomen Ho und Hi die Sonnenfinsternis am 22. Oktober 2137 v. Chr. verschwitzten, wurden sie noch am selben Tag fristlos entlassen, denn der Kaiser von China verstand bei solchen dramatischen Himmelsereignissen keinen Spaß. Hier noch mal die Daten: 18 Jahre und $11^1/_3$ Tage.

Für eure Lernbox

* Eklipsen (Finsternisse) sind Drei-Körper-Probleme (DKP). Sonne-Erde-Mond stehen in einer Gravitationsabhängigkeit zueinander.[14] Das DKP ist ein klassisches Problem der Himmelsmechanik. Allerdings beeinflussen die Anziehungskräfte sich gegeneinander, weshalb sich Drei-Körper-Probleme mathematisch nicht exakt berechnen lassen.

* Planeten umkreisen ihr Zentralgestirn.

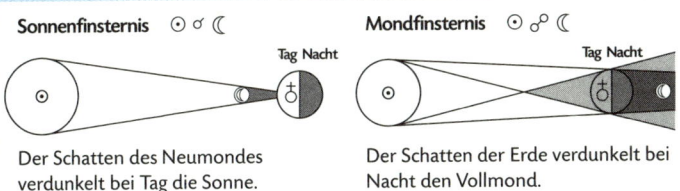

Sonnenfinsternis ☉ ☌ ☽

Tag Nacht

Der Schatten des Neumondes verdunkelt bei Tag die Sonne.

Mondfinsternis ☉ ☍ ☽

Tag Nacht

Der Schatten der Erde verdunkelt bei Nacht den Vollmond.

---

[14] Sie ziehen sich gegenseitig an.

* Um die Planeten kreisen die Monde.
* In unserem Sonnensystem haben nur Merkur und Venus keinen Mond. Es ist purer Zufall, dass der Mond und die Sonne, von der Erde aus betrachtet, in der Regel die gleichen Durchmesser zu haben scheinen.
* Da der Mond in einer leichten Ellipse die Erde umkreist, ist er manchmal der Erde näher oder ferner. Dadurch scheint sich der Durchmesser der Mondkugel leicht zu ändern. Ist der scheinbare Monddurchmesser kleiner, kann er die Sonnenscheibe nicht gänzlich verdecken – am Mondrand steht die Sonnenscheibe etwas über. Solche unvollständigen Eklipsen nennt man ringförmige Sonnenfinsternisse.

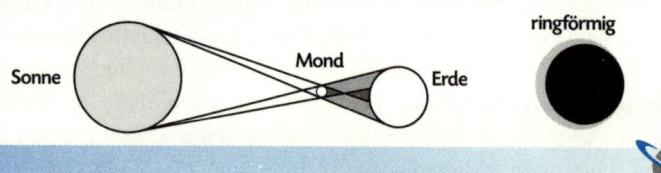

Sonnenfinsternisse, die Geschichte machten

Sonnenfinsternisse gibt es, wie wir gerade gesehen haben, wenn sich der Mond in voller Größe zwischen Erde und Sonne schiebt. Es sind unerhört beeindruckende Naturereignisse, die sogar gelegentlich den Lauf der Geschichte verändert haben. Hier ein entsprechendes Beispiel: Im Jahr 585 v.Ch. schlugen sich gerade die Lyder und Meder gegenseitig die Köpfe ein. Der große Thales von Milet, ein berühmter griechischer Naturphilosoph, sagte eine Sonnenfinsternis für den 28. Mai des Jahres 585 v. Chr. voraus. Tatsächlich verdunkelte sich der Himmel an diesem Tag, woraufhin die kriegerischen Auseinandersetzungen schlagartig beendet und ein Friedensvertrag geschlossen wurde. So hatte ein Philosoph durch seine richtige Vorhersage einen Krieg beendet. Thales von Milet hatte die alte Welt der Mythen entzaubert und bewiesen, dass Naturphänomene berechenbar und nicht unberechenbarer Götterwille sind. Alles in der Natur geschieht nach Naturgesetzen. In China und in Babylon hatte man fast gleichzeitig schon zweieinhalb Jahrtausende zuvor entdeckt, wie sich Sonnenfinsternisse berechnen lassen. Man hatte erkannt, dass die Finsternisse mit den Stellungen von Sonne, Mond und Erde in Zusammenhang gebracht werden müssen. Sie stellten fest, dass

Finsternisse in einer bestimmten Regelmäßig-
keit von 18 Jahren 11^{1}/3 Tagen auftraten. Sie
nannten diesen Zeitraum den Saros-Zyklus.
Den Chinesen und Babyloniern war auch
bekannt, dass die Mondbahn eine Neigung
zur Ekliptik hat. Die Schnittpunkte nannten die Babylonier »Knoten«, die Chinesen
»Drachenpunkte«, Begriffe die sich bis heute
erhalten haben. Um besser verstehen zu können, was Ekliptik bedeutet, müssen wir uns ein Ta-

© Sternwarte
Singen

blett vorstellen, auf dem verschiedene Früchte liegen. In der
Mitte befindet sich die Sonne und dann kommen die anderen Planeten.
Alle liegen sie auf einer Ebene. Das Tablett ist die Ekliptik.

Auch bei uns veränderte eine Sonnenfinsternis den Lauf der Geschichte.
Als sich im Mai 840 n.Chr. der Himmel wegen einer Sonnenfinsternis
verfinsterte – so wird erzählt –, soll sich der sensible Frankenkaiser Ludwig der Fromme so entsetzt haben, dass er sich von dem Schrecken nie
wieder erholt hat und noch im gleichen Jahr gestorben ist. Das hinter-
lassene Reich wurde nach langen Kämpfen durch den historischen Ver-
trag von Verdun unter seinen drei Söhnen aufgeteilt. Aus dem riesigen
Heiligen Römischen Reich deutscher Nation entstanden drei Teile, die
Voraussetzungen für die späteren Staaten Frankreich, Deutschland und
Italien.

Noch ein Beispiel: Bei seiner vierten Reise nach Amerika, im Jahre 1504,
strandete Christoph Kolumbus an der Küste von Jamaika. Seine Schiffe
waren von Würmern zerfressen und für die Überquerung des Atlantiks
nicht mehr zu gebrauchen. Das Schlimmste aber war, dass die Eingeborenen den Spaniern feindlich gesonnen waren und den Schiffbrüchigen
nicht halfen. Als die Spanier in ihrer Not die Dörfer plünderten, wollten
die Eingeborenen die Fremden angreifen. In größter Not griff Kolumbus zu einer List. Aus den Sternentabellen des Regiomontanus wusste
er, dass in Kürze eine Sonnenfinsternis genau hier stattfinden würde.
Kolumbus rief die Eingeborenen zusammen und warnte sie, Gott werde
die Sonne vom Himmel nehmen, wenn sie weiterhin ihre Unterstützung
verweigerten. Bald drauf begann die Sonne sich tatsächlich zu verdun-
keln und die Eingeborenen baten Kolumbus entsetzt, seinen Gott wieder gnädig zu stimmen, und sie brachten den Spaniern neue Nahrung
und halfen ihnen, die Schiffe wieder seetüchtig zu machen.

Für eure Lernbox

* Thales von Milet (624 v. Chr.–546 v. Chr.) war ein vorsokratischer griechischer Philosoph. Er sagte, als eine Schlacht zwischen den Lydern und den Medern tobte, für den 28. Mai des Jahres 585 v. Chr. eine Sonnenfinsternis voraus, die auch genau an diesem Tag eintrat. Die Lyder und die Meder waren überzeugt, dass die Götter ihnen zürnten; sie beendeten sofort ihren Kampf und schlossen Frieden. Weil Thales diese Sonnenfinsternis richtig vorrausgesagt hatte, hatte er bewiesen, dass auch so beeindruckende Ereignisse wie Sonnenfinsternisse keine göttlichen Zeichen sind, sondern eben nur Naturereignisse.

* In China und in Babylonien hatte man schon zweieinhalb Jahrtausende vor den Griechen entdeckt, wie sich Sonnenfinsternisse berechnen lassen. Die chinesiche Mythologie erklärte das Phänomen der verschwundenen Sonne dadurch, dass ein Drache die Sonne aufgefressen habe. Damit der Drache die Sonne wieder frei gab, mußte man ihn blos kräftig erschrecken, was immer zu dem gewünschten Ziel führte. Daher nennt man diesen Punkt den Drachenpunkt. Die Babylonier nannten ihn Knoten. Beide Bezeichnungen haben sich bis heute erhalten.

* Kaiser Ludwig I., genannt der Fromme, der Sohn Kaiser Karls des Großen, war bekanntermaßen ein Sensibelchen. Er starb im April 840, als sich eine Sonnenfinsternis in Deutschland ereignete. Nach seinem Tod zerbrach das Heilige Römische Reich deutscher Nation in die späteren drei Teile Deutschland, Frankreich und Italien.

Die Geschichte der Mondkartierung

Sobald die ersten Astronomen wie Galileo Galilei den Mond mit dem Fernrohr genauer betrachten konnten, gingen sie daran, Mondkarten anzulegen. Auch die erste detailreiche Abbildung des Mondes stammt von Galileo Galilei aus dem Jahre 1610. Bevor Galilei diese Zeichnung angefertigt hatte, glaubte man, dass der Mond einen ideal runden Körper habe, der wie die anderen Planeten und die Sonne die Perfektion der himmlischen Sphären darstellte. Darin sahen die Menschen damals einen Beweis der göttlichen Ordnung. Es muss ein großer Schock für den tief gläubigen Galileo Galilei gewesen sein, als er im Jahre 1610 das gerade erfundene Fernrohr auf den Mond ausrichtete und erkannte, dass der Mond viele Berge und Krater besaß. Seine Zeichnung war allerdings noch sehr ungenau und taugte kaum dafür, sich auf dem Mond zurechtzufinden.

Um die Mondstrukturen sicher erkennen zu können, beauftragte im gleichen Jahrhundert der Astronom Pierre Gassendi den Künstler und Graveur Claude Mellan mit der Anfertigung einer ersten Mondkarte. Von dieser Zeit an kann man von Selenographie sprechen. Dieses Fremdwort solltet ihr euch merken. Darin steckt das griechische Wort »selene« (= Mond). Mellans Mondkarte zeigt den Mond, wie er sich bei unterschiedlichen Phasen im Teleskop zeigt. Dadurch war es schwierig, sich in dieser Karte zurechtzufinden. Die erste brauchbare Mondkarte fertigte ebenfalls in dieser Zeit der Danziger Astronom Johannes Hevelius in seinem berühmten Werk »Selenographia« an. Hevelius führte auch erstmals ein System von Bezeichnungen ein, die sich an Bezeichnungen auf der Erde orientierten. Hevelius gilt daher als der Begründer der Mondkartierung. Der Jesuit und Astronom nahm an, dass die dunklen Flächen Meere sein müssten und gab ihnen deshalb Meeresnamen. Die Krater auf dem Mond benannte er nach Philosophen und Astronomen. Diese Form der Namensgebung setzte sich schließlich 1651 durch. Da die Ferngläser immer leistungsfähiger wurden, wurden auch immer mehr Details auf der Mondoberfläche entdeckt.

Da man in den einzelnen Ländern oft unterschiedliche Namen für die gleichen selenographischen Strukturen benutzte, wurde eine einheitliche Benennungspraxis immer dringender. Die Mondnomenklatur wurde wesentlich von den deutschen Selenographen J.H. Schröter (Selenographische Fragmente, 1791 und 1802), von W. Beer und J.H. Mädler (Mappa Selenographica, 1837) erweitert. Die Benennungspraxis dieser Astronomen wurde mittlerweile als Standard und als verbindlich erklärt.

Heute ist ausschließlich die *International Astronomical Union* (IAU) für die Vergabe der Namen auf dem Mond zuständig.

Für eure Lernbox

* Die ersten groben Skizzen, die die Oberfläche des Mondes darstellten, stammen von Leonardo da Vinci (ungefähr aus dem Jahre 1500) und dem englischen Arzt William Gilbert (1544–1603). Allerdings kann man sie noch nicht als selenographische Karten bezeichnen, da sie noch sehr ungenau waren und nur den subjektiven Eindruck wiedergaben.

* Vor Galileos Teleskopbeobachtung hielt man den Mond noch für einen idealen runden Körper, der wie die anderen Planeten und die Sonne die Perfektion der himmlischen Sphären darstellte.

* Mit der Erfindung des Fernrohrs erkannte man, dass die Oberfläche des Mondes uneben war und dass es auf ihm auch Berge und Täler gibt.

* Die eigentliche Erstellung von Karten der Mondvorderseite begann aber erst in der Mitte des 17. Jahrhunderts.

* Die Wissenschaft begann sich für den Mond zu interessieren, da man glaubte, mit ihm das Problem der Längengradbestimmung auf der Erde lösen zu können lösen. Das Längengradproblem auf der Erde war für die Schifffahrt enorm wichtig geworden.

* Um die Mondstrukturen unzweifelhaft zu erkennen, beauftragte der Astronom Pierre Gassendi den Künstler und Graveur Claude Mellan mit der Anfertigung einer ersten Mondkarte. Mellans Karte zeigt den Mond, wie er sich bei unterschiedlichen Phasen im Teleskop zeigt, und zwar mit allen unterschiedlichen Beleuchtungsverhältnissen, weshalb die Mondstrukturen nur schwer aufzufinden waren.

* Die erste brauchbare Mondkarte fertigte der Danziger Astronom Johannes Hevelius in seinem berühmten Werk »Selenographia« an. Hevelius führte auch erstmals ein System von Bezeichnungen ein, die sich an Bezeichnungen auf der Erde orientierten. Daher gilt er als der Begründer der Mondkartierung.

* In der Annahme, die dunklen Flächen auf dem Mond seien Meere, benannte der Jesuit und Astronom Giovanni Battista Riccioli sie als Meere (Mare) und gab den Kratern die Namen von Philosophen und Astronomen. Diese Form der Namensgebung setzte sich schließlich 1651 durch.

* Da die Teleskope (Mondfernrohre) immer leistungsfähiger wurden, wurden folglich immer mehr Details auf der Mondoberfläche entdeckt. Deshalb wurde eine einheitliche Benennungspraxis immer dringender.
* Die Mondnomenklatur (Benennung) wurde später ganz wesentlich von den deutschen Selenographen J.H. Schröter (Selenographische Fragmente, 1791 und 1802) und von W. Beer und J.H. Mädler (Mappa Selenographica, 1837) erweitert und vereinheitlicht.
* Heute ist ausschließlich die International Astronomical Union (IAU) für die Vergabe der Namen auf dem Mond zuständig.

Ein Krater mit dem Namen Martin Behaim auf dem Mond

Wenn ihr abends am Himmel die erste dünne Sichel des Mondes seht, erkennt ihr, wie das Licht auf eine Reihe von Kratern fällt, die am äußersten östlichen Rand des Mondes liegen. Genau in dieser Zone liegt ein Krater, der den Namen Martin Behaims trägt. Martin Behaim war vor ein paar hundert Jahren ebenfalls ein sehr berühmter Forscher, und wenn ihr auf den Umschlag dieses Buches schaut, erkennt ihr: er war einer meiner Vorfahren. Die exakte Position des nach meinem Vorfahr benannten Kraters ist 16,5°S und 79,4°E. Mit diesen Angaben ließe sich der Krater freilich nur auf einer Mondkarte finden. Mit dem freien Auge kann man die Position aber dort festmachen, wo die Zeigerspitze einer Uhr um vier Uhr hindeuten würde.

Vor einigen Milliarden Jahren, als sich noch viele kosmische Trümmer in der Erdumlaufbahn befanden, schlugen sie in den Mond ein und es entstanden viele Krater auf der Mondoberfläche. Das Bombardement der Meteoriten auf dem Mond und auf der Erde war am Anfang noch so heftig, dass die Einschlagenergie den Planeten Erde und den Mond zu glühenden Himmelskörpern verwandelte. Als das kosmische Material verbraucht war, nahm die Häufigkeit der Einschläge ab, wodurch sich beide Himmelskörper abkühlten. Da auf dem Mond eine Atmosphäre fehlt, sind alle Krater auf dem Mond erhalten geblieben – für ewige Zeiten. Dort oben gibt es keine Verwitterung wie auf der Erde. Die Einschlagkrater auf der Erde wurden fast alle durch Erosion abgetragen, so dass sie heute nur für den Kundigen nachvollziehbar sind.

Da der Mond sich einmal um die eigene Achse dreht, und dabei die Erde umkreist, zeigt er uns immer die gleiche Seite. Allerdings geschieht dies nicht mit der Präzision eines Uhrwerks. Diese Umdrehungen geschehen mit winzigen Unregelmäßigkeiten, wodurch man bis zu 59 % der Mondoberfläche von der Erde aus beobachten kann. Da sich der Krater BEHAIM in dieser Librationszone befindet, liegt er einmal auf der erdzugewandten Seite bzw. auf der Rückseite des Mondes. Der Krater BEHAIM erhielt seinen Namen von J. H. Mädeler, als die noch namenlosen Strukturen auf dem Mond nach berühmten Menschen aus der Forschungsgeschichte benannt wurden.[15]

Der große Mondschwindel von 1835

Ihr wisst, dass man nicht alles glauben darf, was in den Zeitungen steht. Das war auch früher schon so, und man kann gewaltig reinfallen. Ihr werdet es kaum glauben, aber so etwas passiert auch ganz schlauen Wissenschaftlern. Am 25. August 1835 erregte eine Sensationsmeldung die Gemüter der Leser der New Yorker Zeitung »The Sun«: »Kürzlich gemachte, große astronomische Entdeckungen des Sir John Herschel am Kap der Guten Hoffnung.«

Sir John Herschel, der Sohn des großen Wilhelm Herschel, war in jener Zeit ein berühmter Astronom in England. Er weilte gerade am Südafrikanischen Kap, um eine Karte des südlichen Sternenhimmels zu zeichnen. Herschel, so erfuhr der Leser, besäße ein so exzellentes Teleskop, dem auch die unscheinbarsten Geheimnisse auf dem Mond nicht verborgen blieben. Alle Einzelheiten seien so gut zu erkennen, als wären sie gerade nur 100 Meter von dem Betrachter entfernt. Diese unglaubliche Nachricht schlug wie eine Bombe ein. Die Leser wurden durch viele wissenschaftliche Ausdrücke so sehr verwirrt, dass sie allesamt vor Staunen den Mund nicht mehr zubekamen. Die 12.000 Exemplare der »Sun« waren natürlich schon wenige Stunden nach ihrem Erscheinen ausverkauft und eilig musste eine neue Auflage gedruckt werden. Der Verfasser dieser aufregenden Reportage, der Journalist Richard A. Locke, wusste auch zu berichten, dass Sir John zweifelsfrei Kornfelder, Tannenwälder und ergrünte Landschaften auf dem Mond entdeckt habe.

Aus dem 17. Jahrhundert war allerdings schon bekannt, dass der Mond keine Lufthülle besaß. Galilei war einer der ersten Wissenschaftler, der das neuerfundene Fernrohr auf den Mond richtete. Aus dem tiefen Schwarz der Schatten folgerte er richtig, dass der Mond keine Atmosphäre haben konnte. Das Streulicht in der Atmosphäre würde immer

[15] Rückl, Antonin: Mondatlas S. 147

noch ein Quäntchen Licht in die Schattenzone fallen lassen. Da der Mond eben keine Atmosphäre besitzt, konnte sich dort auch kein Leben entfalten. Doch den Schreiber des Artikels scherte das alles wenig, denn, so fabulierte er dreist weiter, Sir John habe noch büffelähnliche Tiere auf dem Mond entdeckt.

Es fällt schwer zu glauben, dass zwei richtige Professoren um weitere Informationen zu dieser unerhörten Entdeckung baten, da sie doch von höchster wissenschaftlicher Bedeutung sei. Die Verhandlung verlief begreiflicherweise recht mühselig, da Locke viele Ausflüchte vorbrachte, weshalb er die Bitte um weitere Informationen abschlagen müsse. Da erst dämmerte es den beiden Professoren, dass sie arg hinters Licht geführt worden waren. Als Sir John Herschel von dieser journalistischen Posse erfuhr, reagierte er sehr erheitert. Doch diese fette Zeitungsente aus New York führte dazu, dass nun alle aus Amerika gemeldeten »Entdeckungen« mit großem Misstrauen in Europa aufgenommen wurden.

Mars

Wir verlassen jetzt die Erde mit dem Mond und kommen zum nächsten der Planeten. Der Mars ist noch ein deutliches Stück weiter von der Sonne weg. Bei den Babyloniern hieß der Rote Planet Nergal. Dies war ihr Kriegsgott – der Herr des Todes. Wer schon einmal den Mars am Himmel gesehen hat, ist nicht erstaunt darüber, dass auch die Griechen und die Römer in ihm einen Kriegsgott sahen. Der Mars leuchtet auffallend rot

Bild © NASA

am Sternenhimmel. Die Melanesier glauben aber, den wahren Grund für die auffallende Rotfärbung des Planeten zu kennen: Auf dem Mars lebe ein rotes, glückliches fettes, Schwein. Ich möchte mich über das religiöse Empfinden der Melanesier nicht lustig machen, doch weiß ich, dass dies nicht stimmt, denn Miss Piggy lebt in Hollywood! Der wahre Grund ist viel prosaischer. Da der Marsboden auch Eisenoxid enthält, ist er nur verrostet. Außerdem ist die Marsatmosphäre stark rotstichig, was ihm so richtig Farbe gibt.

Mit der Erde hat der Mars zwei Gemeinsamkeiten: 1. Der Mars-Tag ist fast genau so lang wie auf der Erde, obwohl der Mars nur halb so groß ist. 2. Seine Achse ist ähnlich geneigt, wodurch es dort, wie bei uns, vier Jahreszeiten gibt. Doch der Mars ist eine einzige Kältewüste, mit Temperaturen, die unter -50°C liegen – auch im Sommer. Das kommt daher, dass er so weit von der Sonne entfernt ist. Deswegen sind seine beiden Pole ständig vereist. Das Eis des Nordpols besteht aus zwei Eislagen. Die obere Schicht ist aus gefrorenem Kohlendioxid, also Trockeneis, während die darunterliegende Schicht aus Wassereis besteht. Die Südpoleiskappe besteht nur aus Trockeneis. Wie man auf dem Bild erkennen kann, besitzt der Mars eine Atmosphäre. Allerdings ist sie 100-mal dünner als die auf der Erde. Man hat aber gute Gründe, anzunehmen, dass sie früher einmal viel dichter gewesen sein muss. Da die Anziehungskraft auf dem Mars nur ein Drittel so stark ist wie die Anziehungskraft auf der Erde, reichte sie nicht aus, um die Atmosphäre festzuhalten. Daher wurde sie vom Sonnenwind einfach fortgeblasen.

Der Mars besitzt gleich zwei Monde. Allerdings sind beide Trabanten nichts weiter als kosmische Steinbrocken. Phobos, was auf Griechisch Angst bedeutet, ist 13 x 11 x 9 km groß. Er umrundet den Mars in einer Entfernung von nur 9.380 km in wenigen Stunden. Der etwas weiter entfernte und kleinere zweite Minimond Deimos (griechisch für Schrecken) umrundet den Mars in etwas mehr als einem Tag (30 Stunden). Da er eine gebundene Rotation hat, kann man auf ihm immer nur die gleiche Seite vom Mars sehen. Beide Monde sind vermutlich nur vom Mars eingefangene Asteroiden. Sie wurden 1877 von dem amerikanischen Astronomen Asap Hall entdeckt.

Für eure Lernbox

Marsdaten

* Von der Sonne aus gesehen ist Mars der 4. Planet: Merkur – Venus – Erde – Mars.
* Er zählt zu den erdähnlichen Steinplaneten.
* Mit einem Durchmesser von 6.794 km ist er nur halb so groß wie die Erde.

Erde   Mars

✳ Der Mars besitzt zwei kleine Monde. Sie wurden erst
1877 von dem amerika-
nischen Astronomen Asap
Hall entdeckt. Sie heißen
Deimos (Schrecken) und

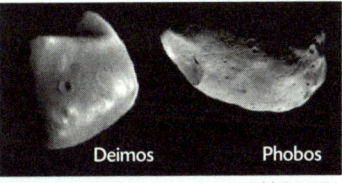

Deimos   Phobos

Bild © NASA

Phobos (Angst). Vermutlich sind sie eingefangene
Asteroiden aus dem nahen Asteroidengürtel.

Vulkanismus und Gestein

✳ Vor rund 1 Milliarde Jahren war der Mars noch vulkanisch ak-
tiv. Sein Gestein besteht aus Basalt.
✳ Auf dem Mars gibt es den größten Vulkan im ganzen Planeten-
system. Es ist Olympus Mons. Er ist drei Mal höher als der
Mount Everest und hat eine größere Grundfläche als die ganze
Inselkette von Hawaii.

Die Pole

✳ Die Pole des Mars sind ständig vereist.
✳ Die nördliche Polkappe ist mit einem Durchmesser von ca. 1.000
km dabei etwa doppelt so groß wie die südliche.
✳ Die Polkappen bestehen aus zwei Eislagen. Die obere Schicht
besteht aus gefrorenem Kohlendioxid. Wenn sie abgetaut ist,
wird eine zweite Schicht aus Wassereis freigelegt.

Marsorbit

✳ Von der Erde aus ist der Mars am Abendhimmel nur alle zwei
Jahre zu sehen.
✳ Wenn die Erde den Mars am Oppositi-
onspunkt überholt, benötigt sie zwei
volle Jahre, bis sie ihn wieder ein-
geholt hat.

Marsatmosphäre

✳ Die Marsatmosphäre ist rund
100-mal dünner als die Erdatmosphäre. Sie besteht aus 95,30 %
Kohlendioxid und 2,70 % Stickstoff.

Sonne

Erde

Mars

Mars in Opposition
zur Sonne

Punkt – Punkt – Komma – Strich – fertig ist das Marsgesicht

Ist es nicht lustig, dieses Lausbubengesicht, das uns da so vergnügt an-
lacht. Das haben aber nicht die Marsmännchen gemalt; ihr wisst ja
inzwischen, dass es die gar nicht gibt. Es ist viel-
mehr ein riesiger Krater mit einem Durchmesser
von 215 km. Er stammt aus einer chaotischen
Zeit in der Entwicklungsgeschichte des Mars. Er
wurde von einem Asteroiden in die Marsoberfläche geschlagen, der mindestens einen Durchmesser von 10 km hatte. Das rechte Auge und der
fröhliche Mund sind stehengebliebene Zentral-
berge, die von der dünnen Marsatmosphäre noch
nicht abgetragen wurden. Das linke Auge wurde

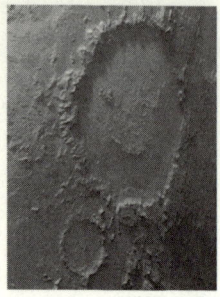

Bild © NASA

von einem kleinen Asteroiden in das Gesicht gestanzt.

Nun muss ich euch noch einmal an die Tatsache erinnern, dass alle
Planeten in unserem Sonnensystem zur gleichen Zeit entstanden sind –
einschließlich der Sonne. Wie ich euch gesagt habe, wird diese Frühzeit
der Planeten von den Wissenschaftlern »das Hadaikum« genannt. Auf
alle Protoplaneten prasselte vor 4,6-4.0 Mrd. Jahren ein dichter Schau-
er von Asteroiden. Das war die unverbrauchte Urmaterie, die noch im
Weltraum schwebte. Die meisten Krater, die wir auf dem Mond sehen,
stammen auch noch aus dieser Zeit.

Die südliche Marshalbkugel unterscheidet sich stark von der Nordhalbkugel. Die Nordhalbkugel ist flach. Hier befinden sich große
Ebenen, die durch Lava entstanden sind. Die
Südhalbkugel dagegen ist sehr gebirgig. Die
höchsten Vulkanberge im gesamten Sonnensystem liegen hier. Es sind der gigantische
Riesenvulkan, der OLYMPUS MONS, der
unvorstellbare 27 km hoch ist und dessen Basis einen Durchmesser von 600 km
besitzt, und die drei Riesenvulkane der THARSIS MONTES, von denen
jeder über 20 km hoch ist. Zum Vergleich: die höchsten Berge, die der
berühmte Extrem-Bergsteiger Reinhold Messner auf unserer Erde be-
stiegen hat, waren Achttausender. Weshalb konnten die Vulkanberge
auf dem Mars so hoch werden? Anders als auf der Erde gibt es keine
Plattentektonik. Vulkanische Hot Spots haben sich wie Schweißbrenner
durch den Gesteinsmantel geglüht. Über Jahrmillionen wurde hier Lava
ausgeworfen, die zu einer gewaltigen Höhe anwuchs. Da die Marsatmosphäre für eine Erosion (Verwitterung) zu dünn ist, wuchsen die

Vulkane ins Gigantische. Auf dem Mars gibt es allerdings auch Vulkanberge, die nicht so hoch wurden. Da sie stark verwittert (erodiert) sind, vermutet man, dass die Erosions-Kräfte auf dem Mars früher stärker waren, was auf eine ehemals dichte Atmosphäre hindeutet.

Für eure Lernbox

Atmosphäre des Mars

* Da der Mars eine zu geringe Größe hatte, um seine Atmosphäre festzuhalten, diffundierte (diffundieren = sich verflüchtigen) sie im Laufe von Millionen von Jahre in den Weltraum. Die fehlende Atmosphäre wurde immer wieder durch starke vulkanische Aktivität ersetzt. Die Erosionsspuren ganzer Flusssysteme lassen vermuten, dass der Mars früher über viele Jahre ein wasserreicher Planet gewesen sein muss.

* Da der Mars eine zu geringe Masse besitzt, entwich langsam, aber stetig, immer mehr seiner Atmosphäre ins Weltall. Durch die aktiven Vulkane wurde aber lange die entwichene Atmosphäre immer wieder ausgeglichen. Als auf dem Mars die aktiven Vulkane allmählich erloschen, wurde auch die Marsatmosphäre immer dünner. Dadurch sank der atmosphärische Luftdruck. Durch den fehlenden Luftdruck fing das Wasser schon bei Zimmertemperatur zu kochen an – und es begann zu verdunsten.

Wasser auf dem Mars

Die Oberflächenstrukturen auf dem Mars verraten, dass es früher Wasser auf dem Mars gegeben hat. Ihr wisst ja: wo Wasser ist, ist auch Leben. Daher ist es wahrscheinlich, dass es sogar Leben auf ihm gegeben hat. Die starke vulkanische Aktivität und das kosmische Trommelfeuer schufen vor Milliarden Jahren auf dem Mars eine dichte Atmosphäre, die weitgehend aus Kohlendioxyd bestanden hat. Kohlendioxyd ist ein starkes Treibhausgas. Kurzwellige Lichtstrah-

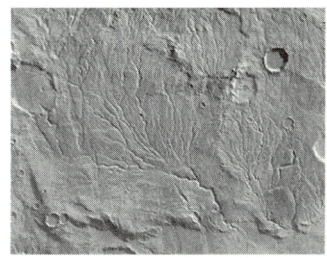

Bild © NASA

len können eine Atmosphäre durchdringen. Beim Auftreffen auf die Marsoberflächen wandeln sich die Strahlen allerdings in langwellige Wärmestrahlen um. Langwellige Wärmestrahlen können jedoch nicht mehr ins All reflektiert werden, weshalb die Sonnenstrahlen den Mars langsam aber sicher aufheizten. Da die Durchschnittstemperatur auf dem Mars damals deutlich über 0°C lag, gab es natürlich flüssiges Wasser. Auf dem Mars herrschten damals Temperaturen wie auf der Erde. Die auffälligsten Spuren aus dieser Zeit sind die viele Trockentäler und leere Seenbecken. Da der Mars jedoch nur halb so groß ist wie die Erde, verfügt er nicht über genügend Schwerkraft, weshalb die Uratmosphäre sich ins Weltall verflüchtigte.

Doch wo ist das Wasser des jungen Mars geblieben? Für flüssiges Wasser sind die heutigen Temperaturbedingungen auf dem Mars sehr ungünstig. Fast nie klettern sie am Äquator über den Gefrierpunkt. Man könnte also annehmen, dass sich Wasser als Permafrost (Dauerfrost[16]) direkt unter der Oberfläche befindet. Der Druck der Atmosphäre muss jedoch mindestens 6 Millibar betragen, damit Wasser überhaupt als Flüssigkeit existieren kann. Ist der atmosphärische Druck geringer, werden die physikalischen Bedingungen bizarr: Das Wasser geht direkt vom gefrorenen Zustand in einen gasförmigen Zustand über. Das nennt man *Sublimation*. Durch den Prozess der Sublimation ist das oberflächennahe Wasser bereits verdampft, bevor es die Marsoberfläche erreicht. Aus diesem Grund vermutet man, dass Wasser auf dem Mars in Äquatornähe nur in einer Tiefe von 100 m existieren kann.

Auf dem Mars werden Verwitterungsspuren gesehen, die erkennen lassen, dass da mal Wasserläufe waren. Diese fluvitalen[17] Erosionsspuren in Einschlagkratern beweisen, dass gefrorenes Grundwasser durch einen Meteoriteneinschlag und die dadurch eingetretene Erhitzung kurz aufgetaut worden war. Die Erosionsspuren des fließenden Wassers sind kurz nach dem Einschlag wieder eingefroren worden. Durch den Nachweis von Methangas in der Marsatmosphäre ist man sicher, dass sich im Permafrostboden primitive Lebensformen befinden müssen, denn Methan ist ein flüchtiges Gas und muss daher ständig erneuert werden.

---

[16] Wasser befindet sich als Eis im Boden. Permafrostböden gibt es in Sibirien und Nordkanada.

[17] durch fließendes Wasser erzeugt

Für eure Lernbox

Formen durch fließendes Wasser

* Fließendes Wasser schuf viele typische fluvitale (flussartige) Formen auf dem Mars. Wasser benötigt Temperaturen von über 0°C, damit es fließen kann. Es wird vermutet, dass die von fließendem Gewässer geschaffenen Formen vor etwa drei Milliarden Jahren entstanden sind. In dieser Zeit wurden auch mächtige Sedimentschichten abgelagert.

Schiaparelli entdeckt Kanäle auf dem Mars

Wisst ihr eigentlich, wie es zu all den Fantasiegeschichten und Märchen von den Marsmännchen kam? Das möchte ich euch als Beispiel dafür erzählen, wie man auch in der Wissenschaft aufpassen muss, wenn Leute behaupten, es sei etwas bewiesen und sich später herausstellt, dass es doch nicht bewiesen ist. 1877 standen Mars und Erde verhältnismäßig dicht beieinander. Natürlich nutzten die Astronomen diese Opposition[18], denn nun ließ sich der Mars genauer betrachten. Unter den Beobachtern war auch der italienische Astronom Giovanni Schiaparelli [sprich: skiaparelli]. Er dürfte beim Anblick des Marses den Schreck seines Lebens bekommen haben, denn er sah ganz deutlich längliche Strukturen auf dem Mars, die er als ›canali‹ bezeichnete, was im Italienischen nichts weiter als ›Rinne‹ bedeutet. Zwei Jahre später, als der Mars wieder dicht bei der Erde stand, wurde ihre Sichtung von anderen Astronomen zweifelsfrei bestätigt. Damit waren die »Marskanäle« in der Welt.

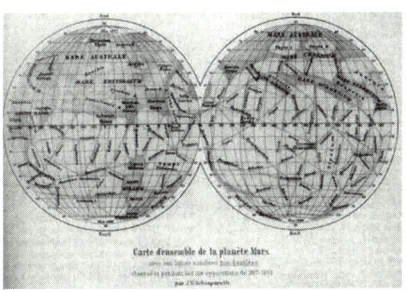

Bild © NASA

Bei der Übertragung ins Englische wurde aus dem ›canali‹, ein ›canal‹, doch das bedeutet mehr als nur »Rinne«, es ist das Wort für eine erbaute Wasserstraße.

---

[18] Opposition: Sonne – Erde – Mars stehen in einer Reihe.

Am Ende des 19. Jahrhunderts wurden gerade der Suez- und der Panamakanal gebaut. Kanäle, das war jedem klar, waren eine phantastische Ingenieursleistung. Wie eine Bombe schlug daher die Nachricht von der Entdeckung der Kanäle auf dem Mars ein. Die vermeintliche Entdeckung inspirierte die Science-Fiction-Autoren, und als Folge entstand eine Reihe spannender Romane. Man stellte sich eine geheimnisvolle Zivilisation auf dem Mars vor, die ein hochentwickeltes Bewässerungssystem angelegt hatte. Für die Menschen damals war es ein Schock, denn man befürchtete nun, dass die intelligenten Marsianer sicher irgendwann mal die Erde überfallen würden, um die irdischen Bodenschätze plündern zu können. Die Vorstellung von einer aggressiven Zivilisation war bestimmt nur ein Spiegelbild unserer selbst, denn wenn wir es schon gekonnt hätten, nichts hätte uns davon abgehalten, die Menschen auf dem Mars zu kolonisieren und auszuplündern. England, Frankreich, Deutschland und Italien befanden sich zu Beginn des 20. Jahrhunderts noch auf dem Höhepunkt als koloniale Weltmächte und führten in ihren Eroberungskriegen gerade vor, wie man so etwas macht.

Damals waren auf der Erde die Marsianer Thema Numero eins. H.G. Wells Science Fiction Schocker »Krieg der Welten« versetzte als Radioreportage die Menschen in Angst und Schrecken, da viele wirklich an eine Invasion vom Mars glaubten.

Als 1965 die amerikanische Raumsonde Mariner 4 den Mars erreichte und Bilder von ihm zur Erde sandte, wurden die Spekulationen um die Marskanäle schlagartig beendet, denn man sah, dass der Mars ein öder und kalter Planet war. Nie hatte es intelligente Wesen auf ihm gegeben und Schiaparellis »canali« erwiesen sich als nichts anderes als ein banaler Übersetzungsfehler.

Für eure Lernbox

* *Giovanni Schiaparelli* (1835–1910) war ein italienischer Astronom und hauptsächlich in Mailand tätig.
* 1877 standen Mars und Erde mal wieder verhältnismäßig nahe beieinander.
* Giovanni Schiaparelli glaubte, auf der Marsoberfläche Muster und Linien entdeckt zu haben und schloss daraus, dass es auf dem Mars *canali* (ital. für Rinnen) gäbe.

✳ In der englischen Fachliteratur wurde dieses Wort fälschlich mit *canal* übersetzt. Der Mythos der Mars-Kanäle war nun in der Welt und damit das Gerede von den intelligenten Marsbewohnern. Der britische Romanschreiber setzte den Stoff um in seinen berühmten Roman »Krieg der Welten«. Orson Wells machte 1938 eine fiktive Radioreportage, die zu einer Massenpanik führte. Der Mythos der Marsbewohner steckte so stark in den Köpfen der Leute, dass sie das Hörspiel für bare Münze nahmen.

Mars Sonden
✳ Als 1965 die amerikanische Raumsonde Mariner 4 den Mars erreichte und Bilder von ihm zur Erde sandte, wurden die Spekulationen um die Marskanäle schlagartig beendet, denn man sah, dass der Mars ein öder und kalter Planet war. Nie hatte es intelligente Wesen auf ihm gegeben und Schiaparellis »canali« erwiesen sich als nichts anderes als eine falsche Übersetzung.

Die Suche nach den Marsmonden
Ihr erinnert euch sicher, dass ich euch von den zwei Monden erzählt habe, die den Mars umkreisen. Schon der griechische Dichter Homer schrieb in seiner »Ilias«, dass der Rote Planet zwei Trabanten habe. Auch der Astronom Johannes Kepler vermutete, dass Mars zwei Monde haben müsse. Als gläubiger Mensch ging er jedoch davon aus, dass sich die göttliche Schöpfung in harmonischen Zahlenverhältnissen widerspiegeln müsse, und darum die Venus 0 Monde, die Erde 1 Mond und folgerichtig der Mars 2 Monde habe. Nach diesem Schema müsse der Jupiter vier Monde haben: 0-1-2-4. Seit Galilei waren tatsächlich vier Jupitermonde bekannt, was damals widerspruchsfrei ins theologische Schema passte. Der englische Schriftsteller Jonathan Swift erstaunte mit einer geradezu hellseherischen Gabe, als er in seinem Buch Gullivers Reisen (1726) über zwei Marsmonde berichtete und deren Größe und Entfernung vom Mars sogar richtig beschrieb. Aber es sollte noch bis 1877 dauern, bis der Amerikaner Asap Hall die beiden kosmischen Gesteinsbrocken, die den Mars umkreisen, tatsächlich entdeckt hat. Die Entdeckung der vermuteten Marsmonde sollte allerdings noch zu einem spannenden Wissenschaftskrimi werden. Zu jedem Krimi gehört ein Bösewicht. Unsere Geschichte hat aber gleich zwei davon. Die eine Rolle war mit dem Assistenten der Sternwarte Ed-

ward Singelton Holden besetzt. Der zweite Antagonist (Gegenspieler) war der Leiter der Sternwarte höchst persönlich. Holden, der Schurke Nr. 1, arbeitete mit dem leistungsfähigsten Gerät des Observatoriums, einem 26-Zöller. Obwohl Hall mittlerweile auch berechtigt war, mit diesem Gerät zu arbeiten, verweigerte Holden ihm jeden Zugriff. Er war dadurch gezwungen, mit dem wesentlich schwächeren 9,6-Zöller zu arbeiten. Wenn aber Holden nicht im Hause war, verwendete Hall natürlich auch das bessere Gerät. Als 1877 der Mars wieder einmal ganz in der Nähe der Erde stand, nutze Hall jede sich bietende Gelegenheit und machte vom Mars eine Reihe Aufnahmen. Da der Mars nun fast seine Opposition[19] erreicht hatte, wurden die Beobachtungsmöglichkeiten jeden Tag besser. Hall konnte sein Glück kaum fassen, als Holden für einige Tage eine Einladung der Sternwarte in New York annahm. Jetzt war der 26-Zöller frei und Hall und seine Frau Angelina konnten ungestört mit diesem Gerät arbeiten. Am 9. August begann er die weitere Umgebung des Mars nach den vermuteten Monden abzusuchen, aber er sah nur schwache Hintergrundsterne. In der folgenden Nacht durchsuchte er den Himmel in unmittelbarer Nähe des Mars. Das war nicht ganz einfach, denn der Planet überstrahlte den ganzen Himmel, was eine Beobachtung schwierig machte. Nach einigen Stunden intensiver Suche wollte Hall enttäuscht aufgeben. Überdies war er sich nicht sicher, ob der Mars auch wirklich Monde hatte. Doch seine Frau drängte ihn, unbedingt weiter zu machen, denn die einmalige Gelegenheit musste genutzt werden. Nur jetzt stand der Mars so nahe bei der Erde wie nie zuvor. Vom nahen Potomac River zogen aber dicke Nebelschwaden auf, die bald eine Beobachtung des Himmels unmöglich machten. Kurz bevor sich der Himmel vollständig zugezogen hatte, sah Hall noch einen »faint star«, einen schwachen Stern. Doch er hatte schon genügend gesehen und wollte in der nächsten Nacht die Stelle noch einmal absuchen.

Die Entdeckung der Marsmonde

In der nächsten Nacht blieb der Himmel dicht bewölkt. Erst eine Nacht später klarte es wieder auf. Hall schaute nach dem kleinen Lichtpünktchen, das er vor zwei Nächten gesehen hatte. Wenn es tatsächlich ein Marsmond gewesen war, dürfte das Lichtpünktchen natürlich nicht mehr an der gleichen Stelle stehen, sondern müsste mittlerweile etwas

---

[19] Während dieser Zeit steht er ganz in der Nähe der Erde. Sonne – Erde – Mars stehen in einer Linie.

gewandert sein. Zu seiner übergroßen Freude stand das Lichtpünktchen jetzt auf der anderen Seite des Mars. Nun war es klar, dass dies nur ein Mond sein konnte. Vor Glück war er ganz benommen. Aufgeregt weihte er seinen Nachtassistenten George Anderson in seine Entdeckung ein, und beide schauten sich das Sternchen an.

Bild © NASA

Er beschwor ihn, unter allen Umständen den Mund zu halten. In der nächsten Nacht suchte er wieder nach dem winzigen Objekt. Doch zu seinem Erstaunen fand er noch einen zweiten Lichtpunkt. Tatsächlich hatte er zwei Marsmonde entdeckt. Hoch beglückt trug Hall seine Entdeckungen in das offizielle Beobachtungsbuch ein. Nun konnte ihm niemand mehr den Entdeckerruhm streitig machen. Er benachrichtigte nun Newcombe, den Leiter der Sternwarte, von seinen Entdeckungen. Mit einem Glas Sekt wurde das großartige Ereignis gefeiert. Asap Hall war überglücklich.

Wenige Tage später erschien ein längerer Artikel über die neu entdeckten Marsmonde in der New York Times, den NEWCOMBE verfasst hatte. Zu seinem Entsetzen las Hall, dass Newcombe nun behauptete, er selbst hätte die Marsmonde entdeckt. Hall habe, so schrieb Newcombe dreist, erst die Existenz des Mondes akzeptiert, nachdem er [Newcombe] die Umläufe des Mondes mathematisch bestimmt habe. Da Hall jedoch seine Entdeckung glücklicherweise rechtzeitig in das Beobachtungsbuch eingetragen hatte und auch Anderson sich auf Halls Seite stellte, war der versuchte Betrug zu offensichtlich. Als Holden aus New York zurückkehrte, wusste er natürlich sofort, dass Hall ihm die Entdeckung der Marsmonde vor der Nase weggeschnappt hatte.

Die beiden neu entdeckten Marsmonde waren noch namenlos. Henry Madan, Hausmeister am Eaton College in England, schlug vor, sie Phobos und Deimos zu nennen, denn das waren die beiden üblen Knechte, die dem Kriegsgott Mars bei seinem schaurigen Handwerk halfen. Hall, dem die Namensgebung als Entdecker der beiden Monde zustand, nahm den Vorschlag als sehr passend an.

Der Asteroidengürtel

Dass unser Sonnensystem zweigeteilt ist, könnt ihr deutlich sehen, wenn ihr euch nochmals das Bild mit den Planeten anschaut: wir haben ein inneres und ein äußeres Planetensystem. Die vier inneren Planeten sind Merkur – Venus – Erde – Mars. Die haben wir jetzt schon im Einzelnen zusammen erkundet. Dann kommt eine auffallend breite Lücke, in der laut der Titius-Bode-Reihe irgendwo ein 5. Planet stecken müsste.
Nach den inneren folgen die äußeren Planeten mit den Gasriesen Jupiter – Saturn – Uranus – Neptun. Für die Astronomen, denen die Titius-Bodesche-Reihe einleuchtend schien, fehlte zwischen den inneren und äußeren Planeten etwas. Es musste noch ein Planet dazwischen sein, den bloß noch keiner gefunden hatte. Um diesen unbekannten Planeten zu finden, gründete ein Klub von Astronomen um den Bremer Arzt und Amateurastronom Dr. Olbers launig die »himmlische Polizey«, die das Ziel hatte, den unbekannten Planeten mit Hilfe der Titius-Bodeschen-Reihe aufzuspüren. Da die Astronomen keine Sekunde an der Richtigkeit der Titius-Bode-Regel zweifelten, existierte auch bereits ein Name für den noch nicht gefundenen Planeten: *Phaeton*. Auch im fernen Palermo auf Sizilien suchte der italienische Astronom Giuseppe Piazzi nach ihm. Am ersten Tag des 19. Jahrhunderts entdeckte er ein winziges Pünktchen am Nachthimmel. Wieder schien sich die Titius-Bode-Reihe zu bewahrheiten. Der Italiener nannte seine Entdeckung »Ceres« nach der altrömischen Schutzgöttin Siziliens. Nur wenig später entdeckte Olbers ein zweites Objekt. Er gab ihm den Namen Pallas. Pallas erreicht eine Größe von 540 km. Dass er sich dicht bei Ceres befand, verwirrte. Aber zwei Planeten ganz dicht hintereinander? Als man immer mehr dieser Kleinplaneten entdeckte, wusste man, dass man einen Planetengürtel entdeckt hatte. Herschel bildete aus den Worten Aster (Stern) und eides (ähnlich) den neuen Begriff: Asteroiden – sternähnliche Himmelskörper. Piazzi hatte den Asteroidengürtel entdeckt. Die Bezeichnung »Asteroiden« ist allerdings sehr ungenau. Besser würde der Begriff Planetoiden passen – also Kleinplaneten. Lange glaubte man, hier hätte sich ursprünglich ein Planet befunden. Durch die Kollision mit einem anderen Himmelskörper wäre er dann zerstört worden; nur Trümmer seien übrig geblieben – der Asteroidengürtel. Das schien die plausibelste Erklärung zu sein – doch diese Vorstellung ist auch nicht richtig. Heute sieht man die Entstehung des Planetoidengürtels völlig anders: Hier befindet sich noch das Urmaterial aus der Zeit von vor 4,6 Milliarden

Jahren, als das Sonnensystem entstanden ist. Da das gesamte Material im Planetoidengürtel nur knapp ein Zehntel der Mondmasse ausmacht, hätte das Material für die Entstehung eines Planeten sowieso nie ausgereicht. Das Gravitationsfeld des Riesenplaneten Jupiter hat verhindert, dass hier ein Planet hätte entstehen können. Er würde immer wieder von der Gravitation Jupiters auseinander gerissen.

Gelegentlich löst sich ein Gesteinsbrocken aus dem Asteroidengürtel und wandert in Richtung Sonne. Befinden sich zufällig Mars, der Mond oder die Erde in seiner Flugbahn, kommt es zu einer Kollision. Als vor 65 Millionen Jahren die Erde von einem etwa 25 km großer Asteroiden getroffen wurde, wurde fast alles Leben auf der Erde ausgelöscht.

Für eure Lernbox

* Das Sonnensystem gliedert sich in das innere und das äußere Planetensystem. Zwischen dem inneren und äußeren Planetensystem liegt der Asteroidengürtel. Die ungeheure Schwerkraft des Jupiter hat verhindert, dass sich in seiner unmittelbaren Nähe ein Planet bilden konnte.

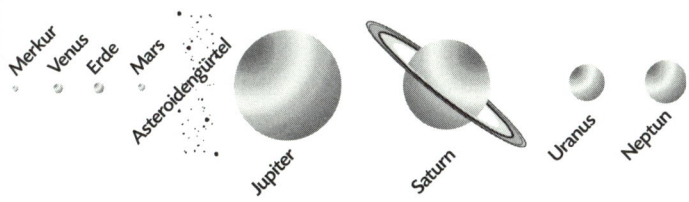

* Da die Astronomen lange an die Stimmigkeit der Titius-Bode-Regel glaubten, vermuteten sie einen bislang unentdeckten Planeten in dieser Lücke. Eine Gruppe von Astronomen um Bode gründete die sogenannte »himmlische Polizey«, die es sich zur Aufgabe gemacht hatte, den vermuteten Planeten aufzuspüren. Da man die Titius-Bode-Reihe für ein nicht zu wider-

Ceres und Mond

Aufnahme © NASA

legendes Naturgesetz hielt, war man nicht überrascht, dass man genau in der Mars-Jupiter-Lücke Ceres und Pallas entdeckte.

* Doch für die Erde ist die Nähe des Asteroidengürtels nicht ungefährlich.

* Der Asteroidengürtel ist etwa 150 Millionen km breit. Da die innere Bahn einen kleineren Umfang hat als die äußere, bewegen sich die Asteroiden auch unterschiedlich schnell. Wird die Bahn eines Asteroiden nur leicht gestört, gelangt dieser in eine andere Bahn. Da er sich nun unterschiedlich schnell bewegt, ist eine Kollision unvermeidlich.

* Prallen zwei Asteroiden zusammen und zerbrechen, werden die Bruchstücke aus dem Asteroidengürtel geschleudert und treten ihren Weg in Richtung Sonne an.

* Würde sich die Erdbahn mit der eines Asteroiden kreuzen, könnte es zu einem katastrophalen Zusammenstoß kommen.

* Die meisten Meteoriten, die wir sehen oder kennen, stammen aus dem Asteroidengürtel.

Der Asteroidengürtel, der Kuipergürtel und die Oortsche Wolke

Zwischen den inneren und den äußeren Planeten liegt also dieser Asteroidengürtel. Er trennt die erdähnlichen, sonnennäheren Steinplaneten von den vier anderen, die mehr aus Gas bestehen: Jupiter, Saturn, Uranus und Neptun. Im Asteroidengürtel schwirren unzählig viele Gesteinsbrocken, die jedoch in einer Bahn gehalten werden. Da sie exakt in die Titius-Bode-Reihe passen, vermutete man lange, dass sie die Trümmer eines ehemaligen Planeten seien. Da die Materie im Asteroidengürtel jedoch nur etwa 1/10 der Masse des Mondes ausmacht, kann man sie als Reste eines zertrümmerten Planeten ausschließen. Es war Jupiter, der es durch seine Schwerkraft verhindert hat, dass sich aus der Materie ein Kleinplanet hätte entwickeln können.

Mit Neptun, so glaubte man lange Zeit, sei unser Sonnen- und Planetensystem zu Ende. Seit wenigen Jahren wissen wir aber, dass die Macht der Sonne noch weit über das Planetensystem hinaus reicht. Um das besser verstehen zu können, müsst ihr euch nochmals die Architektur des Sonnensystems als Modell vorstellen. Im Zentrum befindet sich die Sonne. Um sie herum kreisen, wie ihr wisst, die acht Planeten. Dahinter kommt als Abschluss des Planetensystems der Kuipergürtel.

Bis zum 24. August 2006 glaubte man, dass noch ein neunter Planet hinter dem Neptun mit Namen Pluto ein Planet im Sonnensystem sei. An diesem Tag fand in Prag ein Kongress der IAU (Internationale Astronomische Union) statt, die den bisherigen 9. Planeten Pluto zum Zwergplaneten zurückstufte und ihn zum Objekt des Kuipergürtels machte. Das war eine rich-

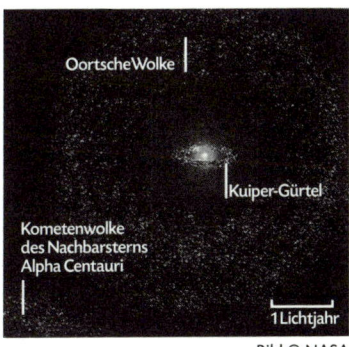

Bild © NASA

tige Entscheidung, denn wenige Jahre danach hat man noch weitere unzählige dieser Objekte gefunden, alles keine richtigen Planeten. Vor wenigen Jahren wurde der Kleinplanet Sedna entdeckt. Sedna gehört vermutlich zu den Kleinplaneten wie Pluto. Sedna ist unvorstellbar weit von uns entfernt. Obwohl die Bahn elliptisch ist, kommt sie der Sonne nie sehr nahe. Sedna umrundet die Sonne in 10.500 Jahren nur ein Mal. Vor der letzen Umrundung der Sonne ging gerade die Eiszeit zu Ende.

Schon lange hatten die Astronomen sich gewundert, dass die Kometen aus allen Himmelsrichtungen zur Sonne prasseln. Der holländische Astronom Jan Hendrik Oort vermutete, dass alle Kometen aus einer Quelle stammen – einer riesigen Hohlkugel, die sich in 40.000 bis 150.000 AE (Astronomische Einheiten)[20] entfernt befindet. In ihrem Zentrum befindet sich das Sonnensystem. Hinter der Oortschen Wolke beginnt der interstellare Raum – das ist der Raum zwischen den Sternen.

Für eure Lernbox

Aufbau des Planetensystems

* Das innere Planetensystem mit Merkur, Venus, Erde, Mars ist der Sonne am nächsten.
* Dann kommt der Asteroidengürtel. Wegen der Schwerkraft Jupiters konnte hier kein Planet entstehen.
* Und schließlich das äußere Planetensystem: Jupiter, Saturn, Uranus, Neptun. Pluto gilt nicht mehr als Planet; er ist ein

---

[20] 1 AE ist einmal die Entfernung der Erde zur Sonne (ca. 150 Mio. km).

Objekt aus dem Kuipergürtel und wurde vermutlich nur eingefangen.

* Nach den acht Planeten, also hinter Neptun, beginnt der Kuipergürtel, ein Materiegürtel von unvorstellbaren Ausmaßen. Er
reicht von 30 AE bis 100 AE.

* Aber da ist unser Planetensystem immer noch nicht zu Ende. All dies wird
umschlossen von der Oortschen Wolke: Besser wäre der Begriff Oortsche
Sphäre gewesen. Eine Wolke ist lokal.
Die Oortsche Wolke umschließt
gleichsam unser Planetensystem wie

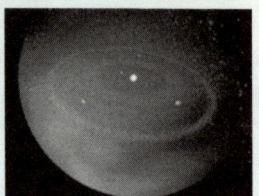

Bild © NASA

eine riesige Hohlkugel. Sie reicht von 40.000–150.000 AE. Die
Oortsche Wolke ist so etwas wie eine Parkbahn für viele Milliarden Kometen. Gelegentlich kommt es vor, dass die Schwerkraft
eines vorbeiziehenden Sterns oder die Schockwelle einer Supernova die Bahn der Kometen stört. Sie werden dann aus ihrer
Bahn geworfen und treten ihre Reise ins Innere des Sonnensystems an. Da die Kometen aus allen Richtungen zu kommen
scheinen, vermutete Jan Hendrik Oort 1950 eine das ganze Sonnensystem umspannende Wolke.

* Obwohl es nur indirekte Beweise für die Existenz dieser Wolke
oder Sphäre gibt, wird sie von den Astronomen als richtig anerkannt.

* Die wenigsten Kometen erreichen das innere des Sonnensystems,
da sie bereits von den vier Gasriesen des äußeren Sonnensystems
abgefangen werden.

Meteorite

Inzwischen ist euch klar geworden, dass es ganz verschiedene Himmelskörper sind, die das Weltall bevölkern. Die Kometen, Meteorite und alle
nichtplanetarischen Objekte in unserem Planetensystem entstanden vor
4,6 Milliarden Jahren, also damals, als unser Sonnensystem entstanden
ist. Seit dieser Zeit rasen sie im Weltall umher, ohne sich verändert zu
haben. Sie sind tatsächlich der Urstoff der Schöpfung.

Man unterscheidet drei Typen der Urmaterie: die Chondrite, die Achondrite und die kohligen Meteorite. Chondrite erkennt man daran, dass

sie aus winzigen Gesteinskügelchen aufgebaut sind, den sogenannten Chondrulen. Chondrulen sind die erstarrten Tröpfchen aus der Zeit der Bildung der Meteorite im solaren Urnebel. Wer einen Meteoriten in der Hand hält, der berührt Materie aus den Tagen der Schöpfung. Die sogenannten Achondrite stammen zwar ebenfalls aus der Zeit des Beginns des Sonnensystems, aber sie sind metamorph, d.h., sie haben eine Entwicklung durchgemacht. Sie sind durch Hitze verändert worden, denn sie sind Bruchstücke von Asteoriten, die einst aufgeschmolzen wurden. Die kohligen Meteorite sind, wie ihr Name schon verrät, reich an Kohlenstoff. Kohlige Meteorite sind dunkelbraun bis schwarz und ließen sich, wenn man sie in der Hand hätte, leicht zwischen zwei Fingern zerreiben. Sie besitzen etwas Wasser, gemischt mit Mineralien. Ein Großteil des Kohlenstoffs besteht aus komplexen organischen Verbindungen – das ist der Grundstoff des Lebens. Zu diesen organischen Stoffen gehören 16 verschiedene Aminosäuren, von denen elf nur sehr selten auf der Erde vorkommen. Aminosäuren sind die Grundbausteine des Lebens. Manche Wissenschaftler vermuten daher, dass das Leben durch Kometen und Meteorite auf die Erde kam. Doch hätten die Lebensbausteine die Höllenfahrt durch die Erdatmosphäre überstehen können? Die meisten Meteorite sind zu klein und verglühen schon in der obersten Atmosphäre. Sie brauchen eine Mindestgröße, um die lange Fahrt durch die Atmosphäre zu überstehen. Durch die Atmosphäre werden sie stark abgebremst. Obwohl die Meteoriten durch die Reibungshitze kurz aufglühen, dringt die Hitze nur wenige Zentimeter in das Gestein ein. Kleine Meteoriten werden in kürzester Zeit so stark abgebremst, dass sie sich verlangsamen und dadurch rasch abkühlen. Dadurch findet bei Meteoriten auch keine Materialveränderung statt. Man hat schon Meteorite in der Antarktis gefunden, die noch auf einem Gletscher lagen.

Die Gefahr durch Einschläge von Asteroiden ist für uns auf der Erde vermutlich geringer als bisher angenommen. Nur einmal pro Jahrtausend treffen gefährliche Objekte auf die Erde. Der letzte Absturz eines Objektes fand 1908 in Sibirien statt. Allerdings wird die Erde statistisch jedes Jahr von einem rund 5 m großen Himmelskörper getroffen. Da ¾ der Oberfläche der Erde aus Wasser besteht, bekommen wir nur selten einen Einschlag mit.

Für eure Lernbox

Klassifizierung von Meteoriten

* Alle Meteorite bestehen aus 4,5 Mrd. Jahre alter Urmaterie. Das ist sozusagen das Material der Schöpfung.

* Die einfachen Meteorite sind die Chondrite. Diese Bezeichnung leitet sich von den winzigen Gesteinskügelchen ab, den sogenannten Chondrulen. Chondrule sind die erstarrten Tröpfchen aus der Zeit der Bildung der Meteorite im solaren Urnebel. Alle primitiven Meteorite sind Steine. Radioaktive Altersbestimmungen zeigen, dass alle Chondrite um die 4,5 Mrd. Jahre alt sind, also dasselbe Alter haben, das auch dem Sonnensystem zugeschrieben wird.

* Die sogenannten Achondrite sind zwar ebenfalls Steinmeteorite, aber sie haben im Gegensatz zu den Chondriten eine Entwicklung durchgemacht. Sie sind Bruchstücke von Asteroiden, die einst aufgeschmolzen wurden und eine Veränderung durchgemacht haben.

* Die primitivsten Meteoriten sind die sogenannten kohligen Meteorite. Wie der Name schon verrät, sind sie reich an Kohlenstoffen. Kohlige Meteorite haben eine dunkelbraune bis schwarze Färbung und sind krümelig; man kann sie zwischen zwei Fingern zerdrücken. Sie besitzen aber auch etwas Wasser, gemischt mit anderen Mineralien. Ein Großteil des Kohlenstoffs besteht aus komplexen organischen Verbindungen, die in einer wasserstoffreichen Umgebung des solaren Urnebels oder sogar noch früher im interstellaren Raum gebildet wurden. Zu diesen organischen Stoffen gehören 16 verschiedene Aminosäuren, von denen elf sehr selten auf der Erde vorkommen.

* Rein statistisch wird die Erde jedes Jahr von einem rund fünf Meter großen Himmelskörper getroffen. Der setzt eine Energie von fünf Kilotonnen TNT frei. Gesteinsbrocken mit einem Meter Durchmesser treffen sogar im Monatsrhythmus auf die Atmosphäre. Große Boliden (Feuerkugeln = besonders helle Meteorite), wie sie für die Explosion über der sibirischen Tunguska-Region im Jahr 1908 verantwortlich gemacht werden, treffen dagegen nur einmal pro Jahrtausend auf unseren Planeten. Explosionen wie jene über Sibirien, bei der rund 2.000 Quadrat-

kilometer Taiga verwüstet worden sind, gehen dagegen auf ein 30 bis 50 Meter großes Objekt zurück und setzen die Energie von 10 Megatonnen TNT frei. Der neuen Schätzung zufolge sollen sie sich alle 1.000 Jahre ereignen.

Ist das Leben auf der Erde nicht ziemlich gefährlich?

Wenn ihr das alles wisst, könnt ihr euch auch vorstellen, dass es im Weltall nicht ganz ungefährlich ist. Und das nicht nur rein theoretisch. Schon fünfmal wäre das Leben auf der Erde durch kosmische Katastrophen fast ausgelöscht worden. Es waren Kometen und Riesenasteroide, die in die Erde einschlugen und beinahe alles höhere Leben vernichtet haben. Doch wir kamen immer wieder davon. Woher stammen diese gefährlichen Einschlagkörper, die so viel Zerstörung über die

Bild © NASA

Erde brachten? In unserem Sonnensystem existieren drei Reservoire von Meteoriten: die Oortsche Wolke (die äußerste Grenze unseres Sonnensystems), der Kuipergürtel (er markiert die Grenze des Planetensystems) und der Asteroidengürtel, der zwischen Mars und Jupiter liegt und die inneren von den äußeren Planeten trennt. Doch die vier gewaltigen Gasriesen des äußeren Sonnensystems sind hocheffektive »Sicherheitsschleusen«. Fast alle Objekte aus der Oortschen Wolke und aus dem Kuipergürtel werden von den vier Gasriesen, also den äußeren Planeten, wie von einem kosmischen Magneten abgefangen. Schafft es aber ein Komet doch, durch den Schutzwall zu schlüpfen, dann wird es eng für uns. Vor 65 Millionen Jahren löschte ein Riesenmeteorit von 25 km Durchmesser die Dinosaurier aus. Das schlimmste Einschlagereignis fand vor 290 Millionen Jahren an der Perm/Trias-Grenze statt. Nur 10 % aller Tiere und Pflanzen überlebten damals. Solche Megakatastrophen finden – Gott sei Dank – sehr selten statt. Würde es die vier »Wächterplaneten« nicht geben, würden 100-mal mehr Kometen und Asteroiden auf der Erde einschlagen.

Du kommst hier nicht rein!

Viele Meteorite waren ursprünglich Kometen. Kometen besitzen einen mehrere Kilometer großen Steinkern der von einem gewaltigen Eispanzer umhüllt ist. Jedes Mal, wenn sie sich der Sonne nähern, verdampft das Eis und die Kometen ziehen einen gewaltigen Schweif hinter sich her. Dieser Schweif weist immer von der Sonne weg, weshalb schon die alten Chinesen einen Sonnenwind vermuteten. Erst 1947 erkannte der deutsche Physiker Ludwig Biermann, dass es eine solare Materie geben müsse, die die Plasmaschweife von Kometen in eine Richtung zwingt. Kometen sind allerdings nur kurzlebige Objekte im Weltraum. Sie umkreisen die Sonne höchstens 1.000 Mal. Spätesten dann ist die Eishülle verdampft. Zurück bleibt ein riesiger Steinbrocken, der auch ins Schwerefeld der Erde gelangen kann. Diese Objekte werden dann zu einer ernsten Gefahr für die Erde. Rein statistisch findet der nächste Einschlag erst in mehreren Millionen Jahren satt.

Für eure Lernbox

⁎ In unserem Sonnensystem kennen wir drei Reservoire für Einschlagkörper, die unsere Erde bedrohen können:
1. Die Oortsche Wolke
2. Der Kuipergürtel.
3. Der Asteroidengürtel.

Die kosmischen Sicherheitssysteme für die Erde

⁎ Alle Objekte im Kuipergürtel müssen auf ihrem Weg ins innere Sonnensystem an den vier masscreichen Großplaneten vorbei. Da die vier Großplaneten selten nahe beieinander stehen, schotten sie das innere Sonnensystem ab. Kometen und Meteorite müssen zuerst an Neptun vorbei. Befindet er sich außer Reichweite, muss er an Uranus vorbei.

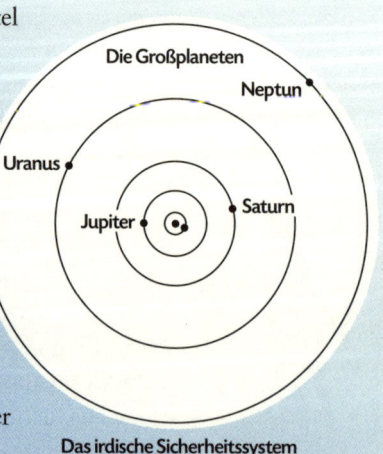

Das irdische Sicherheitssystem

Kann er ihn unbeschadet passieren, muss er an Saturn vorbei fliegen. Jupiter, der größte und massereichste der Gasriesen, ist die letzte Hürde. Fast alle möglichen Einschlagkörper können die vier Wächterplaneten nicht überwinden. Falls ein Objekt wirklich die Großplaneten überwindet, ist es immer noch sehr unwahrscheinlich, dass die Erde zufällig die Bahn mit dem Meteoriten kreuzt.

* Manche Kometen stammen aber auch aus dem Asteroidengürtel. Diese Objekte müssen nicht mehr das Sperrsystem der Großplaneten überwinden. Vor ihnen liegen nur noch der Mars und der Erdenmond – die letzte Lebensversicherung der Erde. Die allerletzte Schutzvorrichtung für die Erde ist der Mond. Wenn er zufällig an der richtigen Stelle steht, fängt er einen heranfliegenden Asteroiden ab.

Vom Kometen zum Asteroiden

* Viele kosmische Felsbrocken waren ursprünglich Kometen. Ihre Heimat war entweder der Kuipergürtel oder die ferne Oortsche Wolke.

* Ihr könnt euch einen Kometen als eine Art schmutzigen Schneeball vorstellen. Jedes Mal, wenn sich der Komet der Sonne nähert, wird er erwärmt und sein Eis beginnt zu verdampfen. Dadurch bildet er einen langen Schweif aus, der die flüchtige Substanz des Kometen im Weltraum verteilt.

* Nach etwa 1.000 Umrundungen ist alles Eis des Kometen verdampft und nur noch der Gesteinskern ist erhalten. Doch irgendwann wird er mit Mars, dem Mond, der Erde, der Venus oder dem Merkur kollidieren (zusammenstoßen) – oder er stürzt in die Sonne. Da ein Komet ca. 20 km groß ist, hätte ein Aufschlag auf der Erde katastrophale Folgen.

Die Entstehung des Nördlinger Ries

Welch große Gefahr der Asteroidengürtel für unsere Erde einst bedeutete, könnt ihr heute noch an ganz wenigen Spuren erkennen. Wer von euch in Süddeutschland lebt, hat sicher schon mal was vom Nördlinger Ries gehört. Dort sind die Spuren solch einer globalen Katastrophe noch heute zu besichtigen. Das Unheil traf Süddeutschland vor fast 15 Millionen Jahren. Vom Asteroidengürtel raste ein Brocken von der Größe eines Berges in Richtung Sonne,. Dabei kreuzte der Asteroid die Erdbahn. Da sich die Erde zufällig im gleichen Moment an dieser Stelle befand, kam es zu einem Zusammenstoß.

Als der Asteroid mit einer Geschwindigkeit von ca. 100.000 km/h in die Erdatmosphäre eintrat, wurde er in viele Stücke zerrissen. Am Himmel verglühten die kleineren losgesprengten Teile in einer Feuerkaskade. Es muss damals wie ein gigantisches kosmisches Feuerwerk ausgesehen haben. Zwei riesige Brocken blieben jedoch erhalten und rasten über Westeuropa, verfehlten knapp den Schwarzwald und explodierten kurz darauf beim Aufprall auf die Erde. Die Gegend des heutigen Süddeutschlands erlebte eine Art Weltuntergang. Zuerst schlug das kleinere Bruchstück dort ein, wo heute Steinheim liegt und bildete das Steinheimer Becken. Wenige Sekunden später schlug ein 800–1200 m großer Meteorbrocken in die Schwäbische Alb ein und bildete einen Riesenkrater. Wissenschaftler errechneten eine Aufschlaggeschwindigkeit von 20–60 km pro Sekunde, wobei eine Energie frei wurde vergleichbar der Sprengkraft von 250.000 Hiroshima-Bomben.

Im Umkreis von 100 km wurde alles Leben schlagartig vernichtet. Eine 30.000°C heiße Glutwelle raste mit Überschallgeschwindigkeit über das Land. Durch den Aufprall wurden von dem herausgeschlagenen Material einzelne Stücke bis ins ferne Mähren geschleudert. Dort finden sich noch heute tropfenförmige Gesteinsperlen im Boden, die auch Tektite genannt werden. Sie entstanden, weil das glutflüssige Gestein abkühlte, als es durch die Luft flog.

Das Ereignis geschah vor 14,8 Millionen Jahren, im Miozän, dem mittleren Abschnitt des Tertiärs. Damals herrschte hier ein subtropisches Klima. Die Ebenen erinnerten an die Savannen Afrikas. Riesige, längst ausgestorbene Tierarten bevölkerten die Ebenen, wie das giraffenähnliche Aepycamelus, das kuhgroße Monsterschwein Archaotherium, Nashörner, Flusspferde und Krokodile. Menschen gab es zum Glück noch nicht. Bis zur Menschheitsentwicklung sollten noch rund 10 Millionen Jahre vergehen.

Außer dem Nördlinger Ries kennen wir auf der Erde rund 120 erhaltene Meteoritenkrater. Dies ist ein Beweis dafür, dass wir auf der Erde immer mal wieder mit Einschlägen rechnen müssen. Meteoriteneinschläge sind jedoch höchst seltene Ereignisse und finden glücklicherweise in Abständen von vielen Millionen Jahren statt. Eigentlich müsste die Erdoberfläche so zerkratert sein wie der Mond, doch werden die Meteorkrater im Laufe von Millionen Jahren durch die Erosion wieder eingeebnet, so dass sie kaum noch zu erkennen sind.

Für eure Lernbox

* Die Anziehungskraft des Jupiter wirft gelegentlich einzelne Objekte aus ihrer Bahn. Sie werden zur Sonne hin abgelenkt und kreuzen dabei die Erdbahn. Wenn sich die Erde dann zufällig am Kreuzungspunkt befindet, stößt sie mit dem Asteroiden zusammen.
* Vor fast 15 Millionen Jahren schlug ein großer Asteroid in die Schwäbische Alb ein. Er flog über Mülheim, Rottweil, Balingen, Geislingen. Der Meteorit zerbrach in mehrere Brocken. Das erste Stück schlug den Krater bei Steinheim. Das Hauptstück schlug den Rieskrater in die Schwäbische Alb.
* Der Himmelskörper war ein Asteroid, der vermutlich aus dem Asteroidengürtel stammte. Der Asteroidengürtel liegt zwischen Mars und Jupiter.
* Der Riesenasteroid raste damals mit ca. 100.000 km/h auf die Erde zu und schlug einen Krater von 25 km Durchmesser und 1.000 m Tiefe. Dabei entstand eine Energie, die vergleichbar ist mit der Sprengkraft von 250.000 Hiroshima-Bomben. Der Meteorit verdampfte in Millisekundenbruchteilen.
* Eine Feuerwalze raste über das Land und vernichtete im Umkreis von 100 km alles organische Leben.
* Tonnenschwere Gesteinsbrocken wurden 600 km weit geschleudert. Noch im Gebiet der Tschechoslowakei wurden kleinere Gesteine in Form von »Glastropfen« gefunden.
* Sintflutartige Regenfälle füllten den Krater mit Wasser. Damals entstand der sogenannte Riessee mit 400 km². Er wurde zum drittgrößten See Europas. Das Leben erholte sich rasch von der Katastrophe. Durch den neuen Riessee konnte sich auch eine seegebundene Fauna und Flora ansiedeln. Nach zwei Millionen Jahren hatten sich Abläufe gebildet, wodurch der See verlandete.

* 40 km südwestlich wurde im selben Moment das Steinheimer Becken gebildet.
* Der Meteorit war kurz vor dem Einschlag in zwei Teile zerbrochen. Wenn man beide Einschlagkrater mit einer Linie verbindet, zeigt sich, dass der Meteorit genau über Müllheim und Rottweil geflogen sein muss.

Jupiter

Bei unserer Reise durch das Weltall gelangen wir jetzt zum Jupiter. Die vier kleinen Planeten und den Asteroidengürtel haben wir schon besucht. Zu eurer Orientierung könnt ihr euch nochmals an das Sprüchlein erinnern, mit dem man sich die Reihenfolge der Planeten merken kann: »Mein Vater erklärt mir jeden Sonntag unseren Nachthimmel«. Jupiter ist der fünfte

Bild © NASA

Planet unseres Sonnensystems. Von allen Planeten ist er der größte. In ihm würden die gesamte Masse aller Planeten, einschließlich deren Monde, Platz haben. Jupiter hat schon allein wegen dieser Masse eine gewaltige Anziehungskraft. Daher spielt er für die Erde eine ganz wichtige Rolle – er fängt Asteroiden ab, bevor sie das innere Planetensystem erreichen und unserer Erde gefährlich werden könnten. Jupiter hat nicht nur einen Mond wie die Erde, sondern eine ganze Menge: Gegenwärtig sind 63 Jupiter-Monde bekannt. Wir dürfen uns dabei aber nicht solche Monde wie den irdischen Mond vorstellen, sondern die meisten sind nur kosmische Felsbrocken, die irgendwann Jupiter zu nahe gekommen und von ihm eingefangen worden sind. Wären sie am Jupiter vorbei gesaust, hätten sie der Erde gefährlich werden können, denn sie haben immerhin den Durchmesser von 1 km und mehr. Richtige Monde sind nur die sogenannten Galileischen Monde: Io, Europa, Ganymed und Callisto. Sie wurden 1610 von Galileo Galilei entdeckt. 1611 entdeckte der Schwabe Johannes Kepler den roten Fleck, »...der wohl bezeugt, dass Jupiter rotiert«.[21] Die Aufnahmen von Voyager 1 zeigten, dass der rote Fleck ein gewaltiges Tiefdruckgebiet ist, das schon viele hundert Jahre alt ist.

Im Gegensatz zu den erdähnlichen Steinplaneten des inneren Sonnensystems (Merkur – Venus – Erde – Mars) gehört Jupiter zu den vier Gasriesen des äußeren Sonnensystems (Jupiter – Saturn – Uranus – Neptun). Jupiter ist der größte und farbenfreudigste aller Planeten. Mit den Teleskopen konnte man von der Erde aus zwar Jupiter erkennen, doch um viele Fragen beantworten zu können, hätte man mit einer Sonde direkt hinfliegen müssen. Die Gasriesen stehen nur alle 176 Jahre beieinander. Es war damals ein Aushilfsstudent namens Gary Flandrow, der die Position der Gasriesen berechnen sollte. Er sah zu seiner Überraschung, dass alle vier Gasriesen in wenigen Jahren ganz dicht beieinander stehen würden. Um diese Gelegenheit nicht zu verpassen, entschloss sich die NASA, diesen ungewöhnlichen Zufall auszunutzen und eine Sonde ins äußere Sonnensystem zu schicken.

Das war in den 70er Jahren des vorigen Jahrhunderts. Damals schickten die Amerikaner insgesamt vier Raumsonden, Pioneer 10 und Pioneer 11, sowie Voyager 1 und Voyager 2, auf die lange Reise ins äußere Sonnensystem. Dies gelang ihnen mit der sogenannten Swing-by-Technik, da alle Planeten sozusagen hintereinander standen. Die Wissenschaftler nutzten dabei geschickt die Zentrifugalkraft der rotierenden Planeten aus. Dabei raste die Sonde zunächst auf Jupiter zu, fotografierte ihn, holte sich mit dessen Umdrehung neuen Schwung, raste auf den dahinter stehenden Saturn zu, fotografierte auch ihn, holte wieder neuen Schwung. In der Zwischenzeit hat Uranus die richtige Stelle im Universum erreicht. Auch er wurde angeflogen und fotografiert – und jetzt kam das Unfassbare: drei Jahre würde es noch dauern, bis Neptun die richtige Stelle im Sonnensystem erreicht hätte. Und als Voyager 2 dort ankam, war auch Neptun da – just in time.

---

[21] Johannes Kepler am 9.1.1611.

Für eure Lernbox

Swing-by Technik

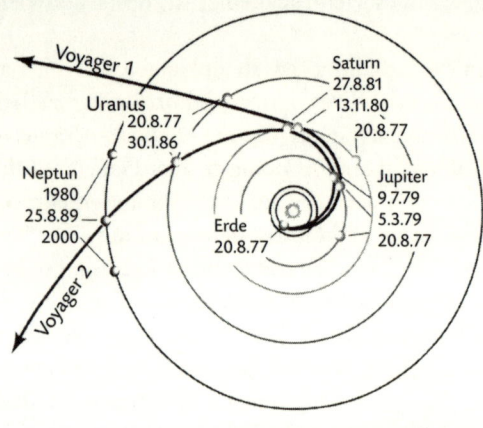

* Die Flüge der Voyager-Sonden waren ein Meisterstück in der Himmelsnavigation.
* Alle 176 Jahre stehen alle Planeten zusammen auf derselben Sonnenseite.
* Der Student Gary Flandro war als Aushilfskraft bei der NASA beschäftigt. Er erhielt die Aufgabe, die Positionen der Planeten im Planetensystem neu zu berechnen. Dabei fiel ihm auf, dass die Planeten in den siebziger Jahren des 20. Jahrhunderts wieder alle auf einer Seite der Sonne stehen würden. In dieser Position ließ sich die Gravitation eines jeden Planeten ausnutzen.
* In den achtziger Jahren des 20. Jahrhunderts trat diese Konstellation wieder ein.

Die Galileischen Monde Jupiters

Ihr erinnert euch, dass ich euch erzählt habe, wie 1610 der italienische Astronom Galileo Galilei sein Fernrohr zum ersten Mal auf den Jupiter gerichtet hat und wie verblüfft er war über das, was er dort sah. Neben dem Jupiter standen an diesem Tag zwei kleine »Sternchen«. Am nächsten Tag waren es sogar drei. In jeder Nacht standen sie in einer anderen Aufreihung. Manchmal konnte man sogar vier Lichtpünktchen neben dem Jupiter sehen. Galilei schloss daraus, dass es sich dabei um Monde handeln müsse, die den Jupiter umkreisen. Damit konnte zum ersten Mal beobachtet werden, dass es Himmelskörper gab, die sich nicht um die Erde drehen. Um diese Entdeckung gab es wieder mal einen Streit, wer der erste war. Simon Marius, ein Astronom aus Gunzenhausen, reklamierte, die Jupitermonde schon vor Galilei gesehen zu haben. Er habe die vier Monde bereits im Dezember 1609 entdeckt. Der Rat seiner Heimatstadt Gunzenhausen schenkte ihm 1612 einen Becher im Wert von 6½ Gulden – so die Akten im Stadtarchiv. Vermutlich erhielt er den Becher als Anerkennung für seine Entdeckung. Jedenfalls war er es, der den Monden ihre heutigen Namen gab: Io, Europa, Ganymed, Kallisto. Die Galileischen Monde gehören zu den größten Monden im Sonnensystem. Ganymed ist sogar größer als der Planet Merkur. Alle Monde sind jedoch höchst unterschiedlich.

IO: Als die Sonde Voyager 1 an Io vorbeiflog, entdeckte man aktive Vulkane auf ihm. Da Io nahe bei Jupiter steht, wird er durch die Gezeitenkräfte richtig durchgeknetet. Nur so lässt sich erklären, dass er der vulkanisch aktivste Himmelskörper in unserem Sonnensystem ist.

Europa: Er ist ein wichtiger Kandidat für Leben. Europa sieht wie eine zerkratzte Billardkugel aus. Ein dicker Eispanzer bildet die Oberfläche des Mondes. Die unvorstellbaren Gezeitenkräfte zersprengen immer wieder die Eisschicht, weshalb sich die Risse im Eis ständig ändern. Es wird vermutet, dass sich unter dem Eispanzer ein Ozean befindet, der durchaus belebt sein könnte. Vielleicht wird das subglaziale (unter dem Eis gelegene) Meer durch untermeerische Vulkane erwärmt, wodurch es in ihm bakterielles Leben geben könnte.

Ganymed: Er gilt als schönster Mond im Sonnensystem. Seine Oberfläche ist sehr glatt, weshalb vermutet wird, dass sie von einem über 100 km dicken Eispanzer bedeckt ist. Da dieser Mond klein ist, besaß er zu wenig Gravitationskräfte, um eine Atmosphäre festhalten zu können.

Kallisto: Er ist der Äußerste der vier Galileischen Monde. Von allen Monden hat er das geringste Reflektionsvermögen, weshalb er etwas dunkler als die anderen Galileischen Monde erscheint. Dennoch ist er mit einem Fernglas deutlich zu sehen.

Für eure Lernbox

Die Galileischen Monde

* Obwohl der Jupiter über 60 Monde hat, sind nur vier seiner Monde auch echte Monde. Die vielen Kleinmonde sind vermutlich nur Asteroiden, die auf ihrem Weg ins innere Sonnensystem waren und vorher abgefangen wurden. Die vielen Kleinmonde beweisen, dass die Großplaneten (Jupiter, Saturn, Uranus und Neptun) eine wichtige Rolle im Universum spielen, denn sie fangen meist schon den Weltraumschrott ab.

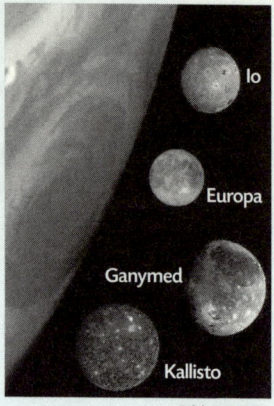

Bild © NASA

* Der innerste Jupitergroßmond ist *Io*. Da er Jupiter recht nahe steht, wird er durch die Gezeitenkräfte ständig durchgewalkt. Die Gezeitenkräfte des Jupiter heben und senken seine Kruste. Durch die ständige mechanische Beanspruchung ist er vulkanisch außerordentlich aktiv. Dadurch sind die Strukturen auf seiner Oberfläche relativ kurzlebig und es ist sinnlos, eine Karte von Io anzufertigen.

* Hinter Io steht *Europa*, wohl der interessanteste Mond im ganzen Sonnensystem. Er sieht wirklich wie eine zerkratzte Billardkugel aus. Seine Oberfläche ist mit einem dicken Eispanzer bedeckt. Durch die Gezeitenkräfte wird die Eisdecke um mehrere Meter gehoben und gesenkt. Dadurch bricht sie immer in viele Stücke. Die vielen Risse im Eispanzer zeigen, dass sich unter dem Eispanzer ein Meer befinden muss. Das Wasser eines subglazialen (sich unter dem Eis befindenden) Meeres könnte durch subozeanische (sich unter dem Wasser befindende) Vulkane erwärmt werden, weswegen es für möglich gehalten wird, dass es auf Europa Leben gibt.

* Der dritte Galileische Mond heißt *Ganymed*. Er gilt als der schönste Mond im Planetensystem. Während des Vorbeiflugs von Voyager 1 kam es zu einer Sternenbedeckung (ein Stern steht über dem anderen und verdeckt ihn). Dabei stellte man

fest, dass er keine Atmosphäre hat. Da Ganymed nur eine Dichte von 1,9 g/m³ aufweist, ist seine Gravitation zu gering, um eine Atmosphäre festzuhalten.

* Der dunkelste von allen Monden im Sonnensystem ist *Kallisto*. Auch seine Oberfläche besteht aus Eis. Seine Oberfläche besteht aus vielen konzentrischen Ringen. Sie entstanden, weil durch die kinetische Energie beim Aufprall eines Meteoriten das Eis für einen kurzen Zeitraum aufgetaut wurde und die nun flüssige Oberfläche das Einschlagmuster einfror.

Der Galileische Mond IO

Wir schauen uns diese vier Jupiter-Monde noch etwas genauer an. Zunächst muss ich euch etwas zu diesen komischen Namen sagen. Um die Herkunft dieser Mondnamen zu verstehen, müssen wir gemeinsam kurz in den griechisch-römischen Götterhimmel steigen. Der Planet Jupiter trägt den Namen des obersten Gottes der römischen Welt, bei den Griechen Zeus genannt.

Bild © NASA

Der leichtlebige Zeus war der oberste Gott der griechischen Götterfamilie. Den Römern muss sein Lotterleben mächtig imponiert haben – also übernahmen sie ihn und verehrten ihn mit Hingabe. Auf römisch hieß er nicht mehr Zeus, sondern Jupiter. Einmal sah er Io, die bildschöne Tochter des Flussgottes Inachos. Damit sie ihm nicht weglaufen konnte, hüllte er sie in dichten Nebel und flirtete mit ihr. Das war nicht schön von ihm, denn er war bereits mit der Göttin Hera verheiratet. Doch Hera kannte ihren Zeus. Als sie die Nebelbank sah, wurde sie misstrauisch. Also löste sie die Nebelschwaden rasch auf, um zu sehen was da ablief. Zeus wusste, dass seine Hera unangenehm eifersüchtig war. Gerade noch rechtzeitig verwandelte er Io in eine weiße Kuh. Zeus hatte übrigens viele Geliebte. Die galileischen Monde sind vier davon. Sie heißen Io, Europa, Callisto und Ganymed. Ganymed war pikanter Weise ein Jüngling, den er dem Eros wegschnappt hatte. Doch damals galt der Spruch: Quod licet Iovi, non licet bovi, das ist Latein und heißt auf Deutsch: »Was Zeus darf, darf deswegen noch nicht jeder Ochse.«

Jo, die junge Dame im Nebel, ist also der innerste der Galileischen Monde. Er ist etwas größer als der Erdenmond und damit größer als die beiden Planeten Merkur oder Pluto. Alle vier Galileischen Monde umkreisen Jupiter innerhalb seiner Magnetosphäre. Wäre Jupiter innen hohl, würde unsere Erde mehr als tausend Mal hinein passen. Wegen dieser schieren Größe besitzt Jupiter eine gewaltige Anziehungskraft. Deshalb zerren unglaublich starke Kräfte an IO und kneten ihn so richtig durch. Seine Oberfläche zerbricht ständig. Aus den Rissen im Gesteinsmantel quillt dauernd Lava. Dadurch wird seine Oberfläche ständig erneuert, weshalb es auf ihm nur ganz junge Einschlagkrater gibt. Hunderte Schwefelvulkane bilden seine Oberfläche. Io ist der aktivste Himmelskörper in unserem Planetensystem. Wenn auf ihm Vulkane ausbrechen, bilden sie riesige Fontänen. Wie auch sein Nachbarmond Europa, besteht Io aus geschmolzenem Gestein. Sein Kern besteht aus Eisen und sein Mantel aus Eisensulfid. Das ist Eisen, das mit Schwefel eine chemische Verbindung eingegangen ist. In den Vulkanen des Io herrscht eine Temperatur bis zu 1.250°C. Die durchschnittliche Temperatur liegt allerdings bei -140°C. So befindet sich auf Io auch gefrorenes Schwefeloxyd. Auf der Erde entsteht diese Verbindung durch die Verbrennung von Kohlenwasserstoffen. Auf Io gibt es anscheinend kein Wasser. Man geht davon aus, dass es längst ins Weltall verdampft ist und von der enormen Schwerkraft Jupiters angezogen wurde.

Für eure Lernbox

Zahlen und Fakten

* Io ist etwas größer als unser Mond. Er ist vom Jupiter genau so weit weg, wie unser Mond von der Erde. Entdeckung durch Galileo Galilei 1610.
  • Mittlerer Bahnradius von IO 421.600 km
  • Umlaufzeit 1,76 Tage
  • Siderische Rotation 1,76 Tage (gebundene Rotation).
  • Mittlerer Durchmesser 3643,2 km
  • Oberfläche 41.000.000 km^2
  • Oberflächentemperatur von +1250°C bis -143°C)
* Io war eine Geliebte des Zeus.

* Wie auch der Mond Europa besteht der Jupitermond Io hauptsächlich aus geschmolzenem Gestein. Er hat wahrscheinlich einen Kern aus Eisen und ein wenig Eisensulfid (Eisen vermischt mit Schwefel).

Die Oberfläche

* Es gibt auf Io kaum Einschlagkrater, stattdessen aber viele hundert Vulkanschlote. Häufig brechen sie aus und es bilden sich kleine schwarze Wolken. Es gibt ganze Seen und Flüsse aus flüssigem Schwefel. Die Oberfläche ist überzogen von Lavaströmen, die vorwiegend aus Schwefel zu bestehen scheinen.
* Auf Io sind Schwefel-Vulkane aktiv. Sie pumpen den Schwefel aus seinem Inneren nach außen. Bei den Vulkanen kann Io eine Temperatur bis zu 1250°C annehmen. Die durchschnittliche Temperatur liegt allerdings bei -140°C.
* So befindet sich auf Io auch gefrorenes Schwefeloxyd. (Eine stechend riechende Verbindung mit Sauerstoff, die auch Bestandteil des *Sauren Regens* auf der Erde ist.)
* Auf der Erde entsteht diese Verbindung durch die Verbrennung von Holz oder Kohle.) Auf Io gibt es anscheinend kein Wasser. Man geht davon aus, dass es ins Weltall verdampft ist und von der enormen Schwerkraft Jupiters angezogen worden war.

Die Atmosphäre

* Die Atmosphäre des Mondes Io ist sehr dünn. Sie besteht aus Schwefelgasen.

Jupitermond Europa

Als die beiden amerikanischen Sonden Pioneer 10 und 11 die ersten Nahaufnahmen vom Jupitermond Europa zur Erde sandten, sah man, dass die Oberfläche des Jupitermondes wie eine zerkratzte Billardkugel aussieht. Als wenige Jahre später die Bilder der beiden Sonden Voyager 1 und 2 auf der Erde eintrafen, stellte man fest, dass sich das Muster der Kratzspuren inzwischen völlig verändert hatte.

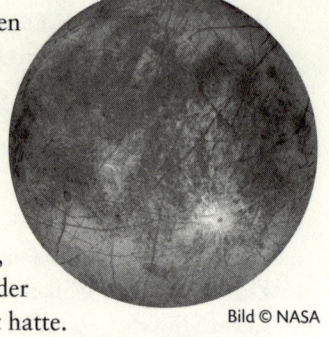

Bild © NASA

Europa umläuft den Jupiter in 3,5 Tagen. Alle Monde in unserem Sonnensystem haben eine gebundene Rotation, d.h., der Mond richtet immer die gleiche Seite zum jeweiligen Planeten, man kann vom Mutterplaneten aus nie auf die Rückseite eines Mondes blicken. Allerdings pendelt der Mond leicht. Er ist wie ein Gesicht, von dem man manchmal das linke Ohr oder das rechte sieht. Manchmal scheint der Mond zu nicken, man kann auf den Scheitel blicken oder man kann unter das Kinn sehen. Diese Bewegungen nennt man Libration. Durch Mega-Gezeiten auf Europa hebt und senkt sich die Eisfläche um 500 Meter. Dabei zerbricht das Eis immer wieder in unzählige Schollen. Durch die Weltraumkälte gefriert es allerdings sofort wieder. Unter dem Eis muss sich daher ein Meer mit flüssigem Wasser befinden. Subozeanische Vulkane und die Gezeitenreibung könnten das Wasser flüssig halten. Man kann sich gut vulkanische »Schornsteine« (Vents[22]) vorstellen, die etwa so aussehen dürften wie die Black Smokers in der Tiefe der Ozeane. Auch hier können wir wieder die Frage nach Leben stellen. Die Kombination von Gezeiteneffekten und erwärmtem Wasser könnten günstige Umstände für Leben sein. Eine eigene Biosphäre auf dem Jupitermond Europa ist daher durchaus möglich. Primitives Leben ist im Universum vermutlich gar nicht so selten. Die Astrobiologen sind einhellig der Meinung, dass primitive Lebensformen automatisch dort entstehen, wo es die chemischen und physikalischen Bedingungen zulassen. Dass Leben auf der Erde selbst da möglich ist, wo wir es nicht vermutet hätten, wissen wir. Solche Organismen nennt man Extremophylen – Leben, das auf der Erde sogar in fast kochendem Wasser vorkommt.

---

[22] Aus einem sogen. »Black Smoker« tritt heißes Wasser aus. Dadurch wird ein subglazialer (= unter der Eisschicht) Ozean flüssig gehalten. Bild: NASA

Für eure Lernbox

* Leben ist nur da möglich, wo es flüssiges Wasser gibt. Als die amerikanische Raumsonde Galilei auf dem Jupitermond Europa einen subglazialen (unter einer Eisschicht) Ozean entdeckte, rückte dieser Mond sofort unter die Kandidaten als möglicher Lebensträger.

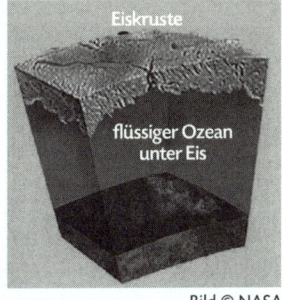

Bild © NASA

* Europa kann wegen seiner geringen Größe keine Atmosphäre festhalten. Deswegen ist eine dicke Eisdecke die Trennlinie zum freien Weltraum.

* Da Europa den Jupiter relativ nahe umkreist, herrschen hier extreme Bedingungen.

* Die Gravitationskraft Jupiters wölbt die Eisdecke um 500 Meter. Dadurch zerbricht die Eisdecke ständig, weshalb das Wasser des subglazialen (unter der Eisdecke) Ozeans ständig durchmischt wird.

* Vermutlich besitzt der Jupitermond Europa viele untermeerische Vulkane. Sie verhindern, dass der Ozean völlig zufriert.

* In der Tiefsee auf der Erde wurden vulkanische Heißwasserdüsen entdeckt. Sie heißen in der Fachsprache »Black Smokers«. Aus ihnen strömt heißes, schwefelhaltiges Wasser. Es ist die Grundlage eines Ökosystems, das völlig ohne Sonnenlicht funktioniert. Hier leben die extremophylen Bakterien, die auch ohne Sauerstoff existieren können (anaerobes Leben). Extremophyle leben auch in den heißen Quellen des Yellowstone Nationalparks. Die Urbakterien lieben solche extremen Lebensräume. Dass sie sich dort wohlfühlen erkennt man daran, dass sie sich rege vermehren.

Bild © NASA

Das Bild zeigt einen sogen. »Hydrorobot«, der einen ›Black Smoker‹ anstrahlt und untersucht. Die NASA plant, mit solchen Unterwasserrobotern in einigen Jahren auf Europa nach Leben zu suchen. Eine Sonde glüht sich durch den Eispanzer und entlässt eine frei schwebende Sonde, die dann nach Lebensspuren sucht.

Ganymed

Wie ich euch schon gesagt habe, wurden einige der Jupitermonde nach Göttinnen benannt, die Jupiter auf irgendeine Weise besonders nahe standen. Doch einer dieser Monde trägt einen männlichen Namen, Ganymed. Jünglings- und Knabenliebe war im antiken Griechenland nichts Ungewöhnliches. Von dem Jüngling Ganymed wird berichtet, dass er der schönste aller sterblichen

Bild © NASA

Erdenbewohner gewesen sei und deshalb von Jupiter seiner Schönheit wegen in den Olymp entführt wurde. Dort wurde er göttlicher Mundschenk.

In der Astronomie ist Ganymed der dritte Jupitermond. Mit einem Durchmesser von 5.262 km ist er der größte Mond im ganzen Sonnensystem. Er ist noch größer als der Planet Merkur (4.879 km) und mehr als doppelt so groß wie Pluto (2.274 km), der ja nicht mehr als Planet gerechnet wird. Zum Entdeckerstreit zwischen dem großen italienischen Gelehrten Galileo Galilei und dem deutschen Wissenschaftler Simon Marius habe ich euch schon kurz etwas berichtet. Wer hat diese Monde nun tatsächlich entdeckt? Nach heutigem Wissensstand ist es durchaus möglich, dass die Monde schon etwas vor Galilei von Simon Marius entdeckt worden waren. Als Galilei erfahren hatte, dass ein deutscher Astronom behauptete, die vier Jupitermonde bereits einige Monate vor ihm entdeckt zu haben, beschuldigte er ihn erbost des Plagiats. Unter Wissenschaftlern ist dies ein ungeheuerlicher Vorwurf. Galilei wollte natürlich den Entdeckerruhm mit niemandem teilen. In dem 1614 erschienenen Buch »Mundus Jovialis« kann man allerdings nachlesen: ... *im Sommer 1609 erhielt er* [Marius] *dann sein Fernrohr und bemerkte bald vor, bald hinter dem Jupiter, in gerader Linie, einige kleine Sterne. Diese blieben auch dann bei dem Planeten, als dieser auf seiner Bahn weiterlief.«* [23] Am 29.12.1609 begann Marius, nachdem er erkannt hatte, dass es sich um Monde des Jupiter handeln musste, seine Beobachtungen zu notieren. In diesem Buch beschreibt er genau die Bahnen der Jupitermonde.

Da sich Galilei eine Stellung bei Hofe wünschte, versuchte er sie »*Sterne der Medici*« zu nennen. Da dieser Vorschlag den Medicis schmeichelte, erhielt er 1610 tatsächlich die Anstellung als Erster Mathematiker des Großherzogs der Toskana. Der Name »Sterne der Medici« wurde natürlich nicht akzeptiert, da er gegen die Regeln der Nomenklatur (Benennung) verstieß. Der Bayer Simon Marius kam jetzt doch noch zu Ehren, denn es war er, der die Monde nach den Geliebten Jupiters benannt hatte.

Die galileischen Monde sind mit 5^m (m = Magnitude, das ist eine Maßeinheit für Helligkeit) so hell, dass sie bereits mit einem normalen Fernglas beobachtet werden können. Mit bloßem Auge sind sie noch nicht sichtbar, denn der Mensch kann nur Sterne bis zu einer Helligkeit bis zu 4^m erkennen.

Für eure Lernbox

Namensgebung

* Die Monde des Jupiter wurden nach Göttern, Halbgöttern und Menschen benannt, die dem obersten Gott Zeus, bei den Römern Jupiter genannt, besonders nahe standen. Ganymed war ein schöner Jüngling. Er war der schönste aller sterblichen Erdenbewohner. Jupiter war hingerissen von dessen Schönheit. Deswegen entführte er ihn von der Erde in den Olymp und nahm ihn zum Mundschenk.
* Bei den Astronomen heißt er nur Jupitermond III. Mit einem Durchmesser von 5.262 km ist er der größte Mond im ganzen Sonnensystem. Er ist noch größer als die beiden Planeten Merkur (4.879 km) und mehr als doppelt so groß wie Pluto (2.274 km).

Mögliche Erstentdeckung

* Entdeckt wurden die vier großen Jupitermonde entweder 1610 von dem italienischen Gelehrten Galileo Galilei oder 1609

---

[23] Zitiert in: Ernst Goercke IHbl 1/1984

von Simon Marius. Es sprechen wichtige Indizien dafür, dass der deutsche Astronom Simon Marius aus Gunzenhausen sie als erster gesehen hatte. Am 29.12.1609 begann Marius, nachdem er erkannt hatte, dass es sich um Monde des Jupiter handeln musste, seine Beobachtungen zu notieren. Er beschreibt genau die Bahnen der Jupitermonde.

* Da sich Galilei eine Stelle bei den Fürsten Medici erhoffte, versuchte er den Namen »Sterne der Medici« durchzusetzen. Die Fürstenfamilie Medici fühlte sich geschmeichelt und gab die Stelle eines Ersten Mathematikers des Großherzogs der Toskana tatsächlich an Galilei.

* Da der Name gegen die Grundsätze der Namensvergabe für Planeten und deren Monde verstieß, wurde er nicht anerkannt. Der vermutliche Co-Entdecker der Jupitermonde, Simon Marius, benannte sie nach Figuren aus der griechischen und römischen Mythologie Io, Europa, Ganymed und Kallisto. So kam er doch noch zu der Ehre, wenigstens die vier Monde benannt zu haben.

* Die Galileischen Monde liegen mit 5m knapp unter der Sichtbarkeitsgrenze, man kann sie schon mit einem einfachen Fernglas erkennen.

Kallisto

Da Kallisto der letzte der vier Galileischen Monde ist, heißt er bei den Astronomen nüchtern *Jupiter IV*. Eigentlich müsste er *Jupiter VIII* heißen, denn vor den Großmonden tummeln sich noch vier Kleinmonde um Jupiter. Wie ihr wisst, tragen alle Jupitermonde die Namen von Gestalten, zu denen Zeus ein besonderes Verhältnis hatte. Kallisto war eine besonders hübsche Nymphe. In der griechischen Mythologie sind Nymphen niedere Naturgottheiten, die sich in freier Natur anmutig dem Reigentanz hingeben und den einsamen Wanderer mit ihren Gesängen erfreuen. Eines Tages trat der Göttervater Zeus in ihr Leben. Als er sah, wie schön sie war, war es um ihn geschehen. Jetzt nahm das Drama seinen Lauf, denn seine Frau Hera wusste sofort, was los war. In letzter Not verwandelte Zeus das arme Nymphlein in eine Bärin. Hera ließ sich aber nichts vormachen, denn sie kannte seine Tricks. In rasender Eifersucht verwandelte sie die Bärin Kallisto in ein Sternbild und setzte sie in die Nähe des Polarsterns, damit es nie untergehen konnte und sie es zu jeder Zeit im Auge behalten konnte. So entstand in der griechischen Mythologie also der *Große Bär*.

Doch zurück zu Jupitermond IV. Kallisto ist der äußerste der vier großen Monde des Jupiter. Mit einem Äquatordurchmesser von 4.800 km ist er der zweitgrößte Mond im Sonnensystem. Da er außerhalb von Jupiters Strahlungsgürtel liegt, könnte er auch von Menschen betreten werden. Von allen Jupitermonden ist er der dunkelste und auch der mit der geringsten Dichte, was vermuten lässt, dass er einen Panzer aus Eis besitzt. Voyager-Bilder zeigen, dass seine Oberfläche von vielen Kratern übersät ist. Das auffälligste Merkmal ist eine Ringstruktur, die den Namen Walhalla bekommen hat. Auf diesem Mond gibt es mehrere Impaktkrater, die alle konzentrische Ringe besitzen. Um verstehen zu können, wie sie entstanden sind, müssen wir uns die Bedingungen auf Kallisto vorstellen. Wie wir wissen, ist er von einem gewaltigen Eispanzer umhüllt. Seit seiner Entstehung wird er von Kometen und Asteroiden bombardiert. Beim Einschlag erhitzt sich die kosmische Bombe. Für kurze Zeit schmilzt das Eis und es wird flüssig. Ein gewaltiger Tsunami rast in mächtigen konzentrischen Wellen über den Mond. Die Wogen gefrieren in der Weltraumkälte schon nach kurzer Zeit. Da es ca. -140°C kalt ist, ist das Eis so hart wie Felsgestein. Zurück bleiben diese sonderbaren Muster. Kallisto ist übrigens eine der letzten Möglichkeiten, kosmische Bomben abzufangen, bevor sie die Erdbahn kreuzen können. Ihre zernarbte Oberfläche beweist, dass sie schon etliche abgefangen hat.

Für eure Lernbox

Nymphen

* In der Griechischen Mythologie war Kallisto eine Nymphe. Nymphen (griech. nymphe, Braut, junge Frau) sind niedere Naturgottheiten, oft Töchter des Zeus. Die Nymphen sind schöne, junge Mädchen, die sich in freier

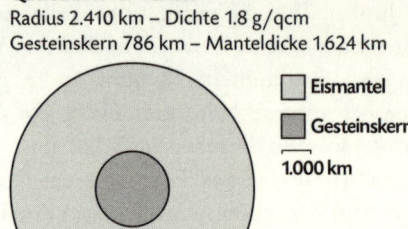

Querschnitt von Kallisto
Radius 2.410 km – Dichte 1.8 g/qcm
Gesteinskern 786 km – Manteldicke 1.624 km

Eismantel
Gesteinskern
1.000 km

Natur mit Reigentanz, Gesang und Spiel beschäftigen. Bei den Astronomen wird dieser Mond Jupiter IV genannt. Er besitzt einen Gesteinskern und hat einen dichten Mantel aus Eis.
* Auf diesem Mond gibt es mehrere Impaktkrater, die alle konzentrische Ringe besitzen. Beim Einschlag erhitzt sich die kosmische Bombe. Für kurze Zeit schmilzt dann das Eis und wird flüssig. Ein gewaltiger Tsunami rast in mächtigen konzentrischen Wellen über die Mondoberfläche. Da es ca. - 140°C kalt ist, gefriert das Wasser sofort wieder. Das Eis wird so hart wie Felsgestein.
* Die Oberfläche Kallistos ist übersät von weißen Einschlagkratern. Das beweist, dass auch er gelegentlich Kometen und Asteroiden abfängt, bevor sie der Erde gefährlich werden können.

Das Jupitersytem

Damit das Ganze etwas übersichtlicher wird, haben die Wissenschaftler die vielen Monde des Jupiter in vier Gruppen eingeteilt.

Die 1. Gruppe, das sind die vier innersten Kleinmonde. Sie können nur deshalb so nahe am Jupiter sein, weil sie zu klein sind, um von ihm zerrissen zu werden.

Die 2. Gruppe kennt ihr schon, es sind die vier Galileischen Monde – und das sind wirkliche Monde. Der dem Jupiter am nächsten stehen-

1

2

Metis
Adreastea
Amalthea
Tebe

Io

Europa

Ganymed

Kallisto

3

Leda
Himalia

Lysithea

Elara

Ananke

Carme

Pasiphe

4

Sinope

Bild © NASA

de Jo wird von Jupiters Anziehungskraft fast zerrissen, weshalb er der vulkanisch aktivste Himmelskörper im Sonnensystem ist. Früher nahmen die Astronomen an, dass diese Monde sich alle gleichen. Doch seit den Aufnahmen der Voyager-Sonden weiß man, dass sie sich alle stark unterscheiden.

Die Monde der 3. Gruppe werden als Himalaia-Gruppe bezeichnet. Alle haben eine ähnliche Bahn. Die Bahn der Monde dieser Gruppe ist *prograd*, d.h. rechtsläufig. Die Monde umlaufen ihren Planeten in der gleichen Richtung wie seine Rotationsrichtung. Vermutlich sind diese Monde Trümmerstücke eines Asteroiden. Höchstwahrscheinlich wurde er irgendwann von Jupiter eingefangen und in vier Stücke zerteilt.

Die Monde der 4. Gruppe sind sozusagen allesamt Geisterfahrer, denn sie rasen im Gegenverkehr um den Jupiter. Sehr wahrscheinlich ist, dass es ursprünglich ein Megaasteroid war, der Jupiter zu nahe gekommen und von ihm eingefangen worden war. Die starken Gezeitenkräfte zerlegten ihn dann in vier einzelne Stücke. Dies beweist wieder, dass der Jupiter eine wichtige Rolle in unserem Planetensystem spielt. Er hat schon viele Geschosse abgefangen, bevor sie in das innere Sonnensystem eindringen und unserem Planeten gefährlich werden konnten. Diese eingefangenen Trümmer waren ursprünglich mehrere hundert Kilometer groß und hätten vermutlich alles höhere Leben auf der Erde vernichtet. Daran erkennt man, dass sich nur in einem richtigen Sonnensystem höheres Leben entwickeln kann.

Am Namen der Monde kann man erkennen, in welcher Richtung sie den Jupiter umkreisen. Alle Monde, die mit ›e‹ enden, sind gegenläufig. Das sind Ananke, Carme, Psiphae und Sinope.

Für eure Lernbox

Jupiter ist ein an Monden sehr reicher Planet. Mittlerweile sind über 30 Kleinmonde des Jupiter bekannt, von denen die Hälfte nur Trümmerstücke aus dem Weltraum sind. Aus diesem Grund ist es sinnvoll, nur 16 von ihnen als Monde zu bezeichnen. Diese 16 Monde lassen sich in vier Gruppen unterteilen. Jede dieser Gruppen besteht aus vier Monden.

✳ Zur 1. Gruppe zählen die vier prograden Kleinmonde Metis, Adrasteia, Amalthea und Thebe. Sie alle umkreisen Jupiter gegen den Uhrzeigersinn, also in der gleichen Drehrichtung wie Jupiter. Da sie Jupiter so nahe stehen, sind auf ihnen Jupiters Gezeitenkräfte gewaltig. Sie sind jedoch zu klein, um von diesen Kräften noch weiter zerrissen zu werden.

✳ Die 2. Gruppe bilden die sogenannten Galileischen Monde. Es sind Io, Europa, Ganymed und Kallisto. Keiner dieser Monde gleicht dem anderen. Der Sonnennächste, Io, ist vulkanisch stark aktiv, da die gewaltigen Anziehungskräfte Jupiters ständig an ihm zerren. Auch die anderen Monde wirken stark auf ihn mit ihren Anziehungskräften.

✳ Die 3. Gruppe sind die Kleinmonde Leda, Himalaia, Lysithea und Elara. Das sind die Monde der Himalaia-Gruppe. Die Bahn der Monde dieser Gruppe ist prograd, also rechtsläufig, d.h. die Monde umlaufen ihren Planeten in der gleichen Richtung wie dessen Rotationsrichtung. Vermutlich sind diese Monde Trümmerstücke eines Asteroiden, der von Jupiter eingefangen worden war. Die Gezeitenkräfte haben ihn in vier Teile zerbrochen.

✳ Die 4. Gruppe sind die äußersten Kleinmonde. Sie sind unregelmäßig geformt und sie sind retrograd, also gegenläufig. Am Namen der Monde kann man erkennen, in welcher Richtung sie den Jupiter umkreisen. Alle gegenläufigen Monde, also die Geisterfahrer, enden mit ›e‹. Das sind Ananke, Carme, Psiphae und Sinope.

Saturn

Saturn, der Herr der Ringe

Findet ihr nicht auch: Saturn ist der schönste Planet in unserem Planetensystem. Es ist der Planet mit dem phantastischen Ring.

Das Ringsystem besteht aus Milliarden kleiner Eisbrocken von Staubkorn- bis Hausgröße. Sie schwirren um den Planeten auf seiner Äquatorebene. Die Eisbrocken sind so dicht gepackt, dass von weitem gesehen der Eindruck einer geschlossenen, undurchsichtigen Scheibe entsteht. Wenn Saturn sich zu uns neigt, können wir auf den Ring blicken. Seine Entfernung zur Sonne beträgt 9,6 AE[24], das ist 9,6-mal so weit von der Sonne weg wie die Erde. Als Galilei 1610 den Saturn zum ersten Mal sah, glaubte er, einen Dreifach-Planeten zu sehen. Da sein Fernrohr nur grob vergrößerte und die Objekte nicht sehr klar zu erkennen waren, konnte er Saturn nur schemenhaft erkennen. Ihr dürft nicht vergessen, dass das selbstgebaute Fernrohr Galileis selbst dem einfachsten Fernrohr aus dem Kaufhaus noch weit unterlegen war. Steht Saturn nach 15 Jahren auf der gegenüberliegenden Sonnenseite, können wir unter seinen Ring sehen. Steht er aber so, dass man direkt auf die Ringkante blickt, dann ist von dem Ring nichts mehr zu sehen. Als Galilei sich nach einiger Zeit den Planeten wieder anschauen wollte, stand er gerade in dieser Position. Deshalb waren die beiden »Planeten«, die anscheinend rechts und links von ihm standen, verschwunden. Erst 1616 neigte Saturn seinen Ring wieder der Erde zu – und nun war der Ring wieder zu sehen. Galilei selber hatte das Ringsystem nie erkannt. Er glaubte bis zu seinem Tod an einen Planeten in »Dreier-Gestalt«. Es sollte noch 50 Jahre dauern, bis der holländische Astronom Christian Huygens [das spricht man Höjgens] erkannte, dass Saturn von einem Ring umgeben ist. Der Saturnring hat einen Durchmesser von 280.000 km. Die Ringdicke beträgt weniger als einen Kilometer. Im Verhältnis zu seiner Größe ist das »hauchdünn«. Stellt euch vor, der Ring sei so dick wie eine CD, dann besäße er in diesem Maßstab einen

---

[24] Eine AE ist eine Entfernungseinheit. Sie entspricht der Entfernung Erde – Sonne, das sind fast 150 Millionen km.

Kreisdurchmesser von ganzen zwölf Kilometern. Obwohl Saturn der zweitgrößte Planet im Sonnensystem ist, ist er in Wirklichkeit ein Leichtgewicht. Er ist der Planet mit der geringsten Dichte – er besteht fast nur aus Gas. Bis zur Erfindung des Fernrohrs war Saturn der sechste und letzte Planet, den man noch mit bloßem Auge sehen konnte. Hinter ihm lag das Reich des Himmels – von da her stammt der Ausdruck vom »siebten Himmel«.

Für eure Lernbox

Saturn ist durch seinen Ring der schönste Planet in unserem Planetensystem. Nach Jupiter ist er der zweitgrößte Planet. Er ist fast 10-mal so weit von der Sonne entfernt wie die Erde.

Das Ringsystem des Saturn besteht aus Billionen von kleinen Eisbrocken, die von Staubkorngröße bis zur Größe eines Hauses reichen. Diese Partikel sind im Ring jedoch so eng gepackt, dass der Ring von der Erde als Fläche erscheint. Der Ring ist nur wenige 100 Meter dick, weshalb er uns von der Erde aus hauchdünn erscheint.

Bild © NASA

Entdeckungsgeschichte des Ringes

* Als Galilei 1610 Saturn zum ersten Mal sah, glaubte er, einen Dreifach-Planeten zu sehen. Sein selbstgebautes Fernrohr hatte noch eine zu geringe Vergrößerung, um das Bild so aufzulösen, dass man noch den Ring erkannt hätte. Galilei war verblüfft, dass er eines Tages die Dreiergestalt Saturns nicht mehr erkennen konnte.

* Erst Christian Huygens erkannte, dass der Ring deshalb nicht mehr zu sehen ist, weil man manchmal auf die dünne Kante des Ringes schaut.

Saturnringe

Huygens war der Entdecker des Ringes um den Saturn. Er glaubte aber noch, dass der Ring des Saturn eine einzige Fläche sei. Zwanzig Jahre später entdeckte Cassini eine Lücke im Ring. Sie erhielt auch seinen Namen: Die Cassinische Teilung.

Aber so richtig ging die Saturnforschung erst dreihundert Jahre später los, als vier amerikanische Raumsonden zu den Gasriesen flogen. Als die ersten Raumsonden am Saturn vorbeiflogen, zeigten die Aufnahmen, dass die Cassinische Teilung gar nicht so leer war, wie man immer geglaubt hatte. Die große Lücke im Ringsystem des Saturn ist ungefähr 4.800 km breit. Durch die Bilder der amerikanischen Raumsonden wissen wir, dass der Saturnring viele Teilungen besitzt. Die Teilungen entstehen durch die Gravitations-Anziehung eines oder mehrerer Saturnmonde auf die Ringpartikel. Bei der Cassinischen Teilung hat der Mond Mimas sämtliche Partikel aus ihrer »Fahrspur« gefegt. Bis in die 70er Jahre des vergangenen Jahrhunderts hatte man angenommen, dass Saturn der einzige Planet mit einem Ringsystem sei. Heute weiß man, dass alle vier Gasriesen – Jupiter, Saturn, Uranus und Neptun einen Ring haben. Sie sind allerdings so hauchdünn, dass man die Ringe von der Erde aus nicht sehen kann, weshalb Saturn als der eigentliche Ringplanet gilt. Als 1979 die ersten amerikanischen Raumsonden Pioneer 10 und 11 am Ringplaneten vorbeiflogen, wurde ein neues Kapitel in der Raumforschung aufgeschlagen. Die ersten Bilder, die die Sonde zur Erde zurückschickte, waren um Klassen besser als die Aufnahmen, die selbst von den größten Teleskopen von der Erde aus gemacht worden waren. Pioneer 11 entdeckte auch zwei neue Saturnmonde, die von der Erde aus nicht sichtbar sind. Die Magnetosphäre des Saturn übertrifft die der Erde um das Tausendfache und das erklärt die Kraft, die den phantastischen Ring des Saturn ermöglicht hat. Die unbemannten Raumsonden haben einen Quantensprung in der Astronomie bewirkt. Ein Jahr später erreichten die beiden Sonden Voyager 1 und 2 die vier Gasriesen. Da die beiden Sonden zum Uranus und Neptun weiterflogen, passierten alle Sonden den Gasriesen, ohne in eine Umlaufbahn einzuschwenken. Daher war eine Langzeitbeobachtung natürlich nicht möglich. Seit Juli 2004 besitzt Saturn mit der Sonde Cassini-Huygens einen ständigen Beobachter. Anders als die Vorgänger schwenkte diese Sonde in einen Orbit ein. Die europäische Sonde Huygens landete fehlerfrei auf dem größten Saturnmond Titan. Die europäische Raumforschung hat damit gezeigt, dass sie zur ersten Liga in der Raumforschung zählt. **153**

Für eure Lernbox

* Als Galileo 1610 sich Saturn ansah, war sein Fernrohr noch so ungenügend, dass er ein Dreier-Planetensystem zu sehen glaubte. Christian Huygens, der große holländische Astronom, erkannte mit einem verbesserten Fernrohr, dass der Saturn nicht aus drei Planeten besteht, sondern einen Ring besitzt.

* Der italienischstämmige französische Astronom Giovanni Domenico Cassini (1625–1712) entdeckte eine breite Lücke im Ringsystem, die heute seinen Namen trägt: Die Cassinische Teilung.

* Diese Teilung ist ungefähr 4800 Kilometer breit. Die Teilungen entstehen durch die Gravitations-Anziehung eines oder mehrerer Saturnmonde auf die Ringpartikel. Bei der Cassinischen Teilung hat der Mond Mimas sämtliche Partikel aus dieser Region herausgezogen.

* Von dem Zeitpunkt an, als die sowjetischen Raumsonden Bilder von fremden Planeten zur Erde zurückgeschickt hatten, war ein neues Kapitel in der astronomischen Forschung aufgeschlagen.

* Mit Pioneer 10 und 11 sowie Voyager 1 und 2 erreichte man zum ersten Mal das äußere Sonnensystem. Die beiden Sonden Voyager 1 und 2 zählen zu den erfolgreichsten Missionen in der Geschichte der Raumfahrt.

Das Mond-System des Saturn

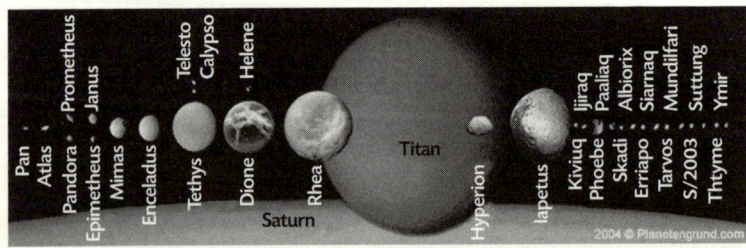

Bild © NASA

Auch der Saturn hat eine Vielfalt von Monden, die sich in der Größe stark unterscheiden. Daher sind die kleineren Monde in der Abbildung zum Teil stark vergrößert dargestellt, da sie sonst nicht mehr zu sehen wären. Die interessantesten Saturnmonde wollen wir uns jetzt etwas genauer anschauen.

Mimas

Der kleine Mond mit dem großen Krater. Diesen rund 400 km großen Mond erkennt man an einem gewaltigen Krater, der rund 1/4 seiner Oberfläche bedeckt. Der Krater wurde irgendwann von einem großen Asteroiden herausgeschlagen. Der Krater ist etwa 10 km tief und besitzt einen Durchmesser von 130 km. Der Krater wurde nach dem Astronomen Wilhelm Herschel benannt, der bereits Ende des 18. Jahrhunderts erkannt hatte, dass Kometen »schmutzige Schneebälle sind«. Da Mimas vermutlich auch ein riesiger Schneeball ist, wurde er durch den Aufprall nicht zertrümmert.

Titan

Er ist der zweitgrößte Mond in unserem Sonnensystem und der einzige Mond, der eine eigene Atmosphäre besitzt. Die Atmosphäre besteht zu 90 % aus Stickstoff und verschiedenen kohlenwasserstoffhaltigen Elementen, die der dichten Atmosphäre ihr orangefarbenes Aussehen verleihen. Wissenschaftler nehmen an, dass es auf ihm Leben geben könnte, da auf ihm Bedingungen herrschen, wie auf der Erde zu dem Zeitpunkt, als auf ihr Leben entstanden ist. Auf der Oberfläche von Titan herrschen Temperaturen von -170°C.

Iapetus

Scherzhaft wird dieser Mond auch der Yin-Yang-Mond genannt, da er eine dunkle und eine helle Seite besitzt. Den Grund dafür kennt man nicht. Einer Vermutung nach rührt die dunkle Seite vom schwarzen Staub des Nachbarmondes Phoebe. Aber so ganz sind sich die Astronomen darüber noch nicht einig. Besonders kurios ist das Ganze, weil es eine scharfe Trennung zwischen heller und dunkler Seite gibt.

Phoebe

Im Gegensatz zu den anderen Monden umkreist Phoebe den Saturn in gegensätzlicher Richtung. Dieser Mond ist vermutlich ein eingefangener Asteroid aus dem Kuipergürtel. Im Gegensatz zu den anderen Monden ist bei diesem Mond die Drehung um die eigene Achse nicht gebunden. Zu eurer Erinnerung: Eine gebundene Rotation ist der Regelfall = der Mond zeigt dem Mutterplaneten immer dieselbe Seite.

Für eure Lernbox

Mimas

* Mimas ist nur ein kleiner Saturnmond mit einem Durchmesser von knapp 400 km. Das Auffallendste an ihm ist ein großer Krater mit dem Namen seines Entdeckers Wilhelm Herschel (1789). Dieser Krater ist ca. 10 km tief. Er hat einen Zentralberg, was typisch für Einschlagkrater ist. Würde Mimas aus massivem Fels bestehen, hätte er mit Sicherheit diese Kollision nicht überstanden. Alle Anzeichen sprechen dafür, dass dieser Mond einen dicken Mantel aus Eis besitzt.

Bild © NASA

Titan

* Im Verhältnis zu allen anderen Saturnmonden ist Titan auffallend groß. Er ist auch der zweitgrößte Mond in unserem Sonnensystem. Er wurde 1655 von Christian Huygens entdeckt.

* Er ist der einzige Mond, der eine Atmosphäre besitzt. Die Atmosphäre besteht hauptsächlich aus Stickstoff. Seine Atmosphäre gibt ihm eine orange-rote Färbung, doch ist man sich nicht klar darüber, welche Stoffe ihm diese Färbung geben.

* An Weihnachten im Jahr 2004 landete nach einem siebenjährigen Flug die europäische Raumsonde Huygens auf dem Titan und schickte Bilder von seiner Oberfläche zur Erde.

Iapetu

Einer der sonderbarsten Monde in unserem Planetensystem ist dieser Mond. Vermutlich besteht er nur aus Wassereis. Sein auffälligstes Merkmal ist, dass er eine dunkle und eine helle Seite besitzt. Die Trennlinie zwischen der schwarzen und weißen Seite ist sehr scharf. Vermutlich stammt der schwarze Staub vom Nachbarmond Phoebe, doch sind sich die Astronomen darüber nicht einig.

* Während alle anderen Monde fast auf einer Ebene den Saturn umkreisen, tun dies Iapetus und seine kleine Nachbarin Phoebe nicht. Auch dafür haben die Astronomen noch keine Erklärung.

Phoebe

* Phoebe ist der äußerste der bislang bekannten 31 Monde des Planeten Saturn. Vermutlich ist dieser Mond ein Überbleibsel aus der Zeit, als sich das Sonnensystem bildete.
* Auffallend ist, dass er Saturn in Gegenrichtung zu den anderen Monden umkreist. Das lässt vermuten, dass er ein eingefangener Asteroid ist.
* Er besitzt eine Dichte von 1,6 qcm. Das ist leichter als die meisten Gesteine, aber schwerer als reines Wassereis. Reines Wassereis besitzt eine Dichte von 1 qcm.

Über Hirtenmonde

Bild © NASA

Zwischen 1979 und 1981 erreichten drei Raumsonden Saturn. Die Voyager-Aufnahmen ließen vorher noch nie gesehene Details der Ringe erkennen. Die amerikanischen Sonden maßen das Magnetfeld des Saturn. Obwohl der Riesenplanet nur die dreifache Masse der Erde hat, besitzt er ein Magnetfeld, das 1.000-mal stärker ist, als das Magnetfeld der Erde. Saturn ist eine wahre Kraftmaschine. Der Gasriese ähnelt in vieler Hinsicht dem Jupiter. Etwa ab seiner Mitte besteht er aus flüssigem Wasserstoff. Dieser wird in noch größerer Tiefe durch den ungeheuren Druck metallisch. Das Zentrum des Planeten wird durch einen heißen, erdgroßen Kern gebildet. Saturn strahlt daher, wie Jupiter, doppelt so viel Energie ab, wie er von der Sonne erhält, weshalb gewaltige Konvektionsströme in seiner Metallhülle entstehen, wodurch ein riesiges Magnetfeld entsteht. Dieses Magnetfeld hält den Ring zusammen.

Etwas ganz Eigenartiges sind die sogenannten »Schäferhundmonde«. Dieses sind zwei »co-orbitale« Monde, also zwei Monde, die den Mutterplaneten auf einer fast identischen Umlaufbahn umkreisen. Beide Monde sind gleich schnell. Der äußere Mond hat eine geringfügig längere Kreisbahn. Das verblüffendste ist, dass einer den anderen gelegentlich sogar überholt. Wie das geht, muss ich euch kurz erklären: Wenn der eine den anderen überholen will, wird ein Mond durch Ablenkung nach innen beschleunigt und schwupp, ist er aus dem Weg und der andere kann überholen. Auf diese Weise verhindern sie seit ewigen Zeiten eine Kollision. Diese beiden Monde heißen *Janus* und *Epimetheus*.

Für eure Lernbox

* Janus und Epimethius sind zwei sogenannte »Hirtenmonde«. Es sind zwei »co-orbitale« Monde, deren Umlaufbahnen um Saturn nur wenig auseinander liegen. Alle vier Jahre kommt es zu einem Bahnwechsel, da der innerste Mond, wegen der kürzeren Strecke, den äußeren Mond wieder einholt.

* Mimas erkennt man sofort an seinem gewaltigen Krater. Dieser Mond wurde 1787 von William Herschel entdeckt, deshalb wurde der große Krater nach ihm benannt.

* Enceladus [enselatus] ist der hellste aller Saturnmonde. Er reflektiert fast alles Sonnenlicht, weshalb er fast keine Wärme aufnimmt. Die Temperatur sinkt auf seiner Oberfläche auf nur -200°C.

* Der holländische Astronom Christian Huygens (1629–1695) entdeckte 1655 den größten Saturnmond Titan. Er be-

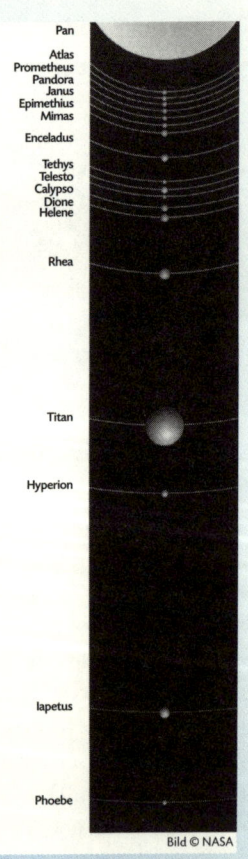

Pan
Atlas
Prometheus
Pandora
Janus
Epimethius
Mimas
Enceladus
Tethys
Telesto
Calypso
Dione
Helene
Rhea
Titan
Hyperion
Iapetus
Phoebe

Bild © NASA

sitzt eine orangefarbene Atmosphäre. Titan ist etwas größer als Merkur. Er ist der größte Mond in unserem Planetensystem. Vermutlich besitzt Titan unzählige kleine Tümpel aus flüssigem Methan, deren Ufer aus organischem Schlick bestehen. Die Wissenschaftler vermuten, dass sich auf Titan Vorstufen des Lebens befinden. Obwohl Titan kleiner als die Erde ist, herrscht auf diesem Mond ein stärkerer atmosphärischer Druck als auf der Erde. Das Sonnenlicht kann die Atmosphäre nicht durchdringen, weshalb es auf Titan immer dunkel ist.

* Iapetus besitzt eine helle und eine dunkle Seite. Für dieses Aussehen gibt es keine Erklärung.
* Der äußerste Mond Saturns, Phoebe, umkreist Saturn retrograd (in Gegenrichtung). Dieses ungewöhnliche Verhalten lässt vermuten, dass er nur ein eingefangener Meteorit ist.
* Und dann gibt es noch eine besondere Gruppe von Kleinplaneten, die sich in den Librationspunkten befinden.

Uranus

Ein Musiker entdeckte einen Planeten

Der Planet Uranus wurde, wie ich schon gesagt habe, relativ spät, erst im 19. Jahrhundert entdeckt. Bis 1781 glaubte man, dass Saturn der äußerste Planet im Sonnensystem sei. Niemand konnte ahnen, dass ein Militärmusiker namens Wilhelm Herschel aus Hannover einer der wichtigsten Astronomen des 18. und 19. Jahrhunderts werden würde. Angefangen hatte seine unglaubliche Karriere unter misslichen Umständen, nämlich auf dem Schlachtfeld von Hastenbeck, wo 1757 preußische gegen französische Truppen gegeneinander gekämpft haben. Da heftig auf ihn geschossen wurde, war ihm klar, dass er sich zur falschen Zeit am falschen Ort befand. Also beschloss er, diesem Umstand unverzüglich zu begegnen und machte sich bei der nächsten günstigen Gelegenheit aus dem Staub. Ihr wisst, was das bedeutet: Fahnenflucht, und nun hatte er auch noch die eigenen Kameraden zu Feinden.

Bild © NASA

Da das Königshaus Hannover im 18. Jahrhundert von London aus regiert wurde, entschloss er sich, dorthin zu fliehen. Die Flucht gelang, und er kam heil in England an. Herschel begann sein ziviles Leben als Organist an der gerade neu erbauten Octagon Chapel in Bath. Einige Jahre später, als sich Wilhelm Herschel in Bath etabliert hatte, ließ er seine unverheiratete Schwester Caroline nach England nachkommen, damit sie ihm seinen Haushalt führe. In den Nächten war sie viel unterwegs und hatte dabei genügend Zeit, sich den Sternenhimmel anzusehen. In dieser Zeit wurde ihre Leidenschaft für Astronomie geweckt. Ihr älterer Bruder Wilhelm in Bath machte sie darum bald zu seiner Assistentin – was sich noch als Glücksfall herausstellen sollte. Er entwarf neue Fernrohre – und sie schliff Linsen und Spiegel.

Im Jahr 1781, in der Nacht zum 13. März, durchmusterte Herschel mit einem gerade neu gebauten Fernrohr den Nachthimmel. Es war purer Zufall, dass er sein Teleskop auf das Sternbild der Zwillinge gerichtet hatte. Da er ein exzellenter Kenner des Sternenhimmels war, bemerkte er ein Lichtpünktchen, das genau dort stand, wo sonst der Himmel leer war. Herschel war fest davon überzeugt, dass er gerade einen neuen Kometen entdeckt hatte. Er meldete diese Entdeckung an die *Royal Astronomical Society* unter der trockenen Ankündigung: *Bericht über einen Kometen*. Für einige Wochen verschwand der angenommene Komet hinter der Sonne und war daher für einige Zeit nicht zu beobachten. Als er wieder auftauchte, sah man, dass das Objekt nahezu eine Kreisbahn beschrieb. In London hielt sich in jenen Tagen zufällig ein russischer Mathematiker auf, der alle Beobachtungsdaten neu berechnete und feststellte, dass der Komet in Wirklichkeit ein neuer Planet war. Das war eine Sensation, denn es wurde klar, dass Herschel einen neuen Planeten entdeckt hatte. Diese Entdeckung machte ihn quasi über Nacht weltberühmt. Zuerst wollte Herschel seinen neuen Planeten nach seinem Gönner und Schutzherrn der Wissenschaften Georgius Sidus, also Georgstern nennen. Andere Vorschläge waren: Herschel, Hyperchronicus, Cybele, Astaea oder Minerva. Aber das wäre wider die Praxis gewesen, denn alle Planeten müssen die Namen griechischer und römischer Götter haben. Daher schlug der Leiter der Berliner Sternwarte Bode vor, ihn doch Uranus zu nennen. Uranus ist der Urvater der griechischen Götterfamilie.

Für eure Lernbox

* Wilhelm Herschel wurde 1738 in Hannover geboren – gestorben ist er 1822 in Slough bei Windsor. Er war Mitglied des Hannoveranischen Garderegiments. Während der Schlacht von Hastenbeck desertierte er und schlug sich nach England durch. In Bath fand er eine Anstellung als Organist und Kantor an der gerade gebauten Octagon Chapel.

* Er war auch ein geschickter Teleskopbauer und besaß aus diesem Grund die besten Teleskope in England. Nach der Entdeckung des Uranus, den er zu Ehren König Georg III. Georgstern nennen wollte, erhielt er eine jährliche Unterstützung, die es ihm erlaubte, sein Organistenamt aufzugeben und sich ganz der Astronomie zu widmen.

* Entdeckung: 13. März 1781 durch William Herschel. Zunächst hielt der den Himmelskörper für einen Kometen. Bei der Beobachtung während mehrerer Nächte sah er, dass sich das Lichtpünktchen am Himmel gegenüber dem Sternenhintergrund leicht bewegte. Er berichtete seine Entdeckung der Royal Astronomical Society. Bis 1781 nahm man an, dass Saturn der äußerste Planet im Sonnensystem sei. Bald erkannte man, dass Herschel einen neuen Planeten entdeckt hatte.

* Durch Herschels Entdeckung hatte sich das Sonnensystem mit einem Mal um das Doppelte vergrößert. Erst 2033 wird Uranus wieder an der Stelle stehen, an der ihn Herschel 1781 entdeckt hat.

* Wegen der großen Sonnenferne empfängt er 400-mal weniger Sonneneinstrahlung als die Erde. Wegen dieser unglaublichen Entfernung sieht die Sonne von dort wie ein großer heller Stern aus – so groß wie ein Centstück.

* In England hatte man Angst, dass ihnen die Franzosen zuvorkommen könnten. Tatsächlich schlugen sie vor, den neuen Planeten Herschel zu nennen. Dies stand jedoch im Gegensatz zur Praxis der Nomenklatur (Benennung) der Planeten, die ihren Namen ausschließlich nach den Namen der Götter aus der griechischen und römischen Mythologie erhielten. Letztendlich setzten sich aber die Klassizisten durch und gaben dem neuen Planeten den Namen Uranus, wie es Bode vorgeschlagen hatte. Uranus war der Urvater der griechischen Götterfamilie.

Caroline Lukretia Herschel (1750–1848)

Caroline Herschel war die Tochter des Militärmusikers Isaak Herschel aus Hannover. In der Geschichte der Astronomie spielt diese außergewöhnliche Frau eine überragende Rolle. Mit zehn Jahren erkrankte sie schwer an Typhus – und rang tagelang mit dem Tode. Zwar überlebte sie die Krankheit, doch wuchs sie nicht mehr weiter. Sie blieb eine Zwergin von nur 1,36 m Größe, doch wurde sie ein geistiger Riese. Ihr Vater meinte resigniert, sie sei weder schön noch reich genug, um je zu heiraten. Die Mutter wollte dennoch aus ihrer Tochter einen nützlichen Menschen machen. Sie sollte Weißnäherin werden und lernen, wie man einen Haushalt führt, damit sie einmal ihre Brüder versorgen könne.

Zusammen mit ihren Brüdern besuchte das Mädchen täglich einige Stunden die Garnisonsschule. Dort lernte sie lesen und schreiben. Darüber hinaus gab der Vater seinen Kindern noch Privatstunden in Mathematik, Physik, Philosophie und Astronomie. »*Ich erinnere mich*«, schrieb Caroline Herschel, »*dass er mich in einer kalten Nacht auf die Straße führte, um mich mit einigen der schönsten Sternbilder bekannt zu machen* (…).« Dieses Erlebnis prägte sie für ihr ganzes Leben. Sie wollte nun ein Leben führen, das sie auch geistig fordern würde.

Ihr erinnert euch, dass ihr Bruder Wilhelm seine Untauglichkeit im Kriegshandwerk erst auf dem Schlachtfeld von Hastenbeck entdeckt hatte, weshalb er fahnenflüchtig geworden war und sich nach England abgesetzt hat. Dort ist er später in Bath zum geachteten Musiker geworden. Neben seiner Musik beschäftigte er sich auch mit Astronomie, was übrigens auch Carolines Leidenschaft war. Da Wilhelm noch nicht verheiratet war, brauchte er dringend jemanden, der ihm den Haushalt abnahm. Ob nicht Caroline zu ihm nach England kommen wolle, fragte er in Hannover an. Da sie ihren Bruder sehr mochte und auch sein Interesse für Astronomie teilte, sagte sie zu und machte sich auf den Weg nach England. Neben der Hausarbeit bildete sie sich musikalisch weiter. Da sie eine schöne Stimme hatte, wirkte sie als Vokalistin in Konzerten mit. Bald wurde ihr sogar die Leitung des Chores anvertraut. Ohne Zweifel hätte sie in der Musik eine Karriere vor sich gehabt, doch sie teilte mit ihrem Bruder die große Passion für Astronomie und gab deshalb die Musik auf. Ihre Hauptaufgabe wurde nun das Spiegelschleifen. Bei dieser Arbeit kommt es auf höchste Genauigkeit an. Die Oberfläche des Hauptspiegels eines guten Spiegelteleskops darf maximal um ein Achtel der Wellenlänge des Lichts von der Idealform abweichen! Dies bedeutete, dass die Abweichung des Spiegels von der

Idealform nur etwa 50 Nanometer betragen darf. Nanometer! Nur zur Erinnerung: tausend Nanometer sind ein Mikrometer und tausend Mikrometer (µm) sind ein Millimeter! Wie ihr seht, muss da mit einer fast unvorstellbaren Genauigkeit gearbeitet werden.

Die Herschels entdecken den Uranus

Als die Herschels im Jahre 1781 durch einen glücklichen Zufall den Planeten Uranus entdeckten, wurden sie sofort weltberühmt. Es folgten zahlreiche Ehrungen, und Wilhelm Herschel erhielt von König Georg III. die lang ersehnte Stelle als Astronom. Nun konnte er sich ganz seiner großen Leidenschaft, der Astronomie, widmen. Auch für seine Schwester Caroline brachte die Entdeckung des Uranus eine Wende in ihrem Leben. Sie gab ihre Stelle als Konzertsängerin auf und wurde wissenschaftliche Assistentin ihres Bruders, für ein Jahresgehalt von 50 Pfund, das ebenfalls der König bezahlte.

Caroline machte auch selbständige Forschungen. Sie durchmusterte systematisch mit ihrem selbstgebauten Teleskop den Sternenhimmel. Dabei entdeckte sie drei neue Nebel und acht Kometen, darunter den periodischen (wiederkehrenden) Enckenschen Kometen. Der deutsche Astronom Encke hatte aufgrund von Bahnberechnungen erkannt, dass dieser Komet im Jahre 1795 wiederkehren müsste. Tatsächlich fand Caroline Herschel ihn im vorausgesagten Jahr und an der von Encke berechneten Stelle wieder. 1797 legte sie der Royal Society einen Index zu John Flamsteeds Beobachtungen vor, zusammen mit 561 fehlenden Sternen im »British Catalogue«[25], sowie eine Liste von Fehlern in dieser Publikation. Längst waren die Herschels bei der gesamten europäischen Wissenschaftselite bekannt. Caroline verfasste mehrere wissenschaftliche Abhandlungen für die Philosophical Transactions. Ihre wissenschaftlichen Leistungen waren höchst ergiebig, denn sie entdeckte vierzehn neue Nebel, berechnete die Positionen von mehreren Hundert von ihnen, die sie in einem Katalog für Sternenhaufen und Nebelflecke (heutiger Sprachgebrauch: Deep Sky Objects) erfasste. Für diese Arbeit wurde ihr allerhöchste Anerkennung u.a. von Carl Friedrich Gauß und Johann Franz Encke gezollt. Trotzdem blieb sie die bescheidene Frau, die sie schon immer gewesen war

Doch im Jahre 1822 folgte ein schwerer Einbruch in ihrem Leben: Ihr geliebter Bruder starb. Wenige Wochen nach seinem Tod zog Caroline

---

[25] *Catalogue of Stars of the British Association for the Advancement of Science.* London

Herschel wieder in ihre Heimatstadt Hannover, die sie fast fünfzig Jahre zuvor als junge Frau verlassen hatte. Dort setzte sie die astronomischen Studien fort. Die bedeutendsten Gelehrten ihrer Zeit suchten sie in ihrem einfachen Haus in der Marktstraße auf. Selbst zum königlichen Hof hatte sie Kontakt. Sie erhielt zahlreiche Auszeichnungen – unter anderem die Goldmedaille der Royal Society, was im 19. Jahrhundert dem Nobelpreis entsprach. 1846 erhielt sie im Alter von 96 Jahren im Auftrag des Königs von Preußen die goldene Medaille der Preußischen Akademie der Wissenschaften. Am 9. Januar 1848 starb Caroline Lukretia Herschel fast 100-jährig in Hannover.

Caroline Herschel bekommt einen Krater auf dem Mond

Man sollte sich nicht täuschen: Die nur ein Meter und sechsunddreißig Zentimeter große Frau war in Wirklichkeit ein geistiger Riese. Nach ihrer Rückkehr nach Deutschland zog sie in ein einfaches Haus in der Marktstraße in Hannover. Bei der Wissenschaftselite in Deutschland war die Brillanz ihres Geistes hoch gerühmt. Die bedeutendsten Gelehrten besuchten sie dort, um sie ihrer Gunst und Wertschätzung zu versichern. Zahlreiche Auszeichnungen wurden ihr verliehen – 1828 u.a. die goldene Medaille der Royal Astronomical Society. 1835 wurde sie zu deren Ehrenmitglied ernannt. Sie war die erste Frau, die in die elitäre Royal Society aufgenommen wurde.

Zum Andenken an ihren verstorbenen Bruder Wilhelm veröffentlichte sie einen Katalog der bekannten Messierobjekte[26]. Bei der Durchsuchung des Himmels nach Kometen stießen die Astronomen immer wieder auf Lichtflecken, die Kometen zum Verwechseln ähnlich sehen. Es sind aber Nebel und Sternenhaufen, die von der Erde wie kleine flauschige Lichtpunkte aussehen – eben

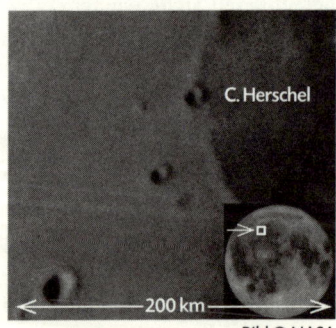

Bild © NASA

von Kometen nicht zu unterscheiden sind. Die Messierobjekte bewegen sich aber nicht weiter, sondern bleiben immer am gleichen Ort. Daher

---

[26] Diese Objekte sind nach dem französischen Astronom Charles Messier benannt. Es sind Kugelsternhaufen, Nebel usw., die sich leicht mit Kometen verwechseln lassen. Diese Objekte sind teilweise schon mit bloßem Auge und kleineren Instrumenten leicht zu beobachten.

war ein Verzeichnis dieser Objekte von höchster Bedeutung. Von der Menge der vielen Nebel und Sternenhaufen war dieser Katalog eigentlich eine schier nicht zu schaffende Aufgabe! Doch Caroline Herschel bewältigte dieses Riesenwerk.

1838 ernannte die Königlich Irische Akademie der Wissenschaften in Dublin die bereits 88-jährige Caroline Herschel zu ihrem Mitglied. 1846 erhielt sie im Alter von 96 Jahren im Auftrag des Königs von Preußen die goldene Medaille der Preußischen Akademie der Wissenschaften. Zu ihrem 97. Geburtstag kam das Kronprinzenpaar zu Besuch. Sie unterhielt sich lebhaft mit ihnen. Zum Abschied sang sie ihnen noch ein Lied vor, das ihr Bruder siebzig Jahre zuvor komponiert hatte. 1889 wurde zu Ehren Carolines mit ihrem zweiten Vornamen der Kleinplanet Lucretia benannt. Dieser Asteroid hat 13,1 km Durchmesser und eine Helligkeit von 16,5 mag. Auch ein Mondkrater im Sinus Iridum wurde nach ihr benannt. Mit 98 Jahren starb sie in Hannover, wo sich auch ihr Grab befindet.

Uranus, der rollende Planet

Uranus, der vorletzte Planet, ist ein merkwürdiger Planet. Wenn man ihn zum ersten Mal sieht, ist man sehr enttäuscht. Er hat das Aussehen einer etwas abgeschabten blau-grünen Billardkugel.

Uranus befindet sich unglaublich weit von uns entfernt im Weltall, 30 AE, das ist dreißig Mal soweit wie die Erde von der Sonne entfernt ist. Daher braucht er ein ganzes langes Menschenleben von 84 Jahren, bis er die Sonne nur einmal umkreist hat. Mit dem bloßen Auge ist er von der Erde aus nicht mehr zu sehen.

Am 10. März 1977 flog der amerikanische Astronom James Elliot mit seinem Team in einem speziellen Beobachtungsflugzeug der NASA über den Indischen Ozean. Man wusste, dass es an diesem Tag zu einer Sternenbedeckung durch Uranus kommen würde. Solche Sternenbedeckungen bieten immer die Gelegenheit, den Planetendurchmesser genau zu bestimmen und liefern dazu noch Hin-

Bild © NASA

weise zum Aufbau der Planetenatmosphäre. Zum großen Erstaunen der Astronomen zeigte die Lichtkurve des Sterns jedoch kurz vor und kurz nach der Bedeckung ein periodisches Flackern. Aufgrund dieser Symmetrie war klar, dass dieses Flackern nur durch die Materie unbekannter dünner Ringe verursacht werden konnte. Als die amerikanische Weltraumsonde Voyager 1986 an dem drittgrößten Gasriesen vorbeiflog, erkannte man, dass das Flackern richtig gedeutet worden war: Der Uranus besitzt tatsächlich einen hauchdünnen Ring. Mittlerweile weiß man übrigens, dass alle Gasriesen einen Ring besitzen. Von der Erde aus ist allerdings nur der Ring des Saturn sichtbar. Deshalb ist und bleibt er der Ringplanet in unserem Planetensystem. Da die Rotationsachse des Uranus beinahe senkrecht liegt (98°), ist der äquatoriale Ring fast senkrecht gestellt. Dadurch hat es den Anschein, als rolle der Planet wie ein Ball um die Sonne. Es ist sehr wahrscheinlich, dass Uranus in seinen Kindheitstagen mit einem anderen Planetoiden zusammengestoßen ist. Dafür spricht, dass seine Achse total verschoben ist.

Uranus hat in etwa die gleiche Masse wie Saturn oder Jupiter. Er ist aber beträchtlich kleiner. Deswegen hat er eine wesentlich größere Dichte als die beiden anderen großen Gasplaneten. Uranus ist ein sehr kalter Planet, allein schon deshalb, weil er wegen seiner 30-mal größeren Entfernung von der Sonne gerade mal zwei Tausendstel der Lichtenergie im Vergleich zur Erde von der Sonne erhält.

Für eure Lernbox

* Neptun und Uranus sehen fast gleich aus. Uranus hat das Aussehen einer blau-grünen Billardkugel. Über die Oberfläche weiß man so gut wie nichts, wie bei allen Gasplaneten. Der Uranus ist 4-mal so groß wie die Erde. Er besteht zum größten Teil aus Felsmaterial und verschiedenen Eisarten.

* Die meisten Planeten haben eine leicht geneigte Rotationsachse. Bei Uranus ist sie fast waagrecht, weswegen er um die Sonne zu rollen scheint. Dadurch zeigen die Pole des Uranus im Laufe eines Uranusjahres zur Sonne.

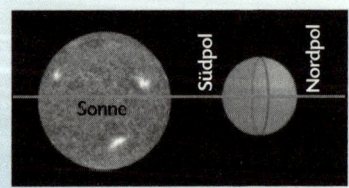

Bild © Hendrik Heigl

Trotz dieser eigenartigen Stellung der Achse ist es an den Polen des Uranus immer noch kälter als auf seinem Äquator. Wie die Venus ist Uranus gegenläufig, d.h., beide Planeten drehen sich anders herum (gegen den Urzeigersinn). Daher geht auf Uranus und auf der Venus die Sonne im Westen auf und im Osten unter.

Die Atmosphäre

Die Atmosphäre des Uranus enthält 83 % Wasserstoff, 15 % Helium und 2 % Methan (Erdgas).

* Das Methan gibt dem Uranus durch das Sonnenlicht die blaue Farbe.
* Wie bei den anderen Gasplaneten toben Winde entlang des Äquators.
* Man kann die Wolkenstreifen aber kaum erkennen.
* Die Temperatur liegt bei -216°C.
* Sauerstoff würde bei dieser niedrigen Temperatur zu Eis erstarren.

Die Entdeckung des Uranusringes

* Am 10. März 1977 flog der amerikanische Astronom James Elliot mit seinem Team in einem speziellen Beobachtungsflugzeug der NASA über den Indischen Ozean. An diesem Tag bedeckte Uranus einen weit entfernten Stern, und diese Gelegenheit wollten amerikanische Astronomen nutzen, um den Durchmesser des Planeten genauer zu bestimmen. Völlig unerwartet registrierten die Forscher bereits eine halbe Stunde vor dem errechneten Termin einige kurze »Lichteinbrüche«, die sich entsprechend lange nach dem Ende der Bedeckung spiegelbildlich wiederholten. Offenbar war auch Uranus von einem System aus schmalen Ringen umgeben, das sich einer direkten Beobachtung entzogen hatte. Da man nun sicher war, dass auch Uranus einen Ring hat, achtete man verstärkt auf weitere Hinweise. Erst die Raumsonde Voyager 2 lieferte 1986 den letzten Beweis, dass Saturn auch einen Ring besaß.

Die literarischen Monde des Uranus

Vermutlich fragt ihr euch immer mal wieder, wie die Himmelskörper ihre Namen, dazu noch oft so komische Namen bekommen. Nur die International Astronomical Union ist berechtigt, alles was im Universum zu finden ist, verbindlich zu benennen. Die Monde des Uranus z.B. wurden nach Charakteren aus Shakespeare-Stücken und dem Versepos »Der Lockenraub« von Alexander Pope benannt. Doch wie kam es zu der originellen Benennung dieser Monde? Um euch das beantworten zu können, muss ich in die Geschichtskiste der astronomischen Entdeckungen greifen.

Der Uranus wurde, wie ihr ja schon wisst, 1781 von dem deutsch-englischen Astronomen Wilhelm Herschel entdeckt. Gern hätte er seinen Planeten nach seinem Gönner und Förderer, dem englischen König Georg »Georgius Sidus« genannt, also »Georgstern«. Doch mit diesem Namen kam er nicht durch, da die Planetennamen nur aus der griechischen und römischen Mythologie stammen durften. Nur bei der Benennung von neu entdeckten Monden wurden dem Entdecker mehr Freiheiten gewährt. Doch einen Mond nach seinem König zu benennen, das ging trotzdem nicht. Als er fünf Jahre später zwei Monde des Uranus entdeckte, benannte er sie nach Figuren aus Dramen von Shakespeare und Alexander Pope.

William Shakespeare ist wohl der bekannteste englische Dichter. Er wurde am 23. April 1564 in Stratford-on-Avon, Warwickshire, geboren. William Shakespeare starb am 23. April 1616. Er wurde im Chor der Gemeindekirche zu Stratford begraben.

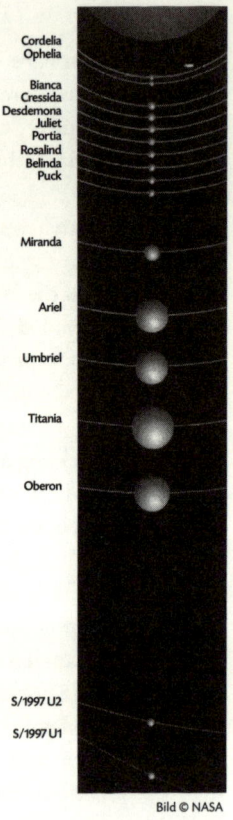

Bild © NASA

Alexander Pope (1688–1744) war englischer Dichter und Satiriker. Man nennt ihn auch gerne den »Horaz« von England. Aus Popes Gedicht »Der Lockenraub« stammen die Namen Ariel, Umbriel und Belinda.

Später dann wurde der Benennungsprozess etwas weniger poetisch gehandhabt: Diese kryptischen Namen werden so gelesen: S=Satellit/Jahr der Entdeckung-Planetennamen- Reihenfolge der Entdeckung.

Die Hauptmonde des Uranus: Oberon und Miranda

Der Uranusmond Miranda

Miranda ist wohl der eigenartigste Mond in unserem Planetensystem. Vermutlich war er vor langer Zeit mit einem anderen Himmelskörper kollidiert und auseinandergerissen worden. Im Laufe der Zeit hat er sich wieder neu zusammengesetzt. Eine andere Theorie sagt, dass die seltsamen Oberflächenstrukturen durch hervorschmelzendes Eis entstanden sind. Doch ist es schwierig zu erklären, woher die Hitze, die der Mond haben müsste, hätte kommen sollen.

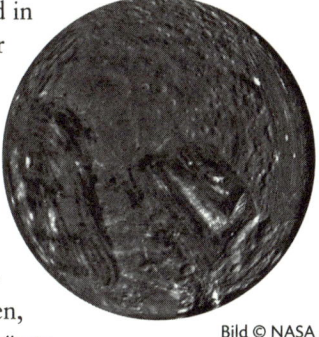

Bild © NASA

Miranda wurde 1948 von G. Kuiper (1905–1973) entdeckt. Sie hat einen Durchmesser von 472 Kilometern. Sie umläuft Uranus in nur anderthalb Tagen. Vor dem Eintreffen der ersten irdischen Weltraumsonden Voyager 1 und 2 waren nur die fünf großen Uranusmonde, Miranda, Ariel, Umbriel, Titania und Oberon bekannt. Ihr Durchmesser beträgt zwischen 480 und 1.600 km. Als Voyager 2 im Jahre 1986 an Uranus vorbeiflog, fand man noch zehn kleinere Monde von 15 bis 170 km Größe.

Da auch Uranus Ringe besitzt, umkreisen auch einige Monde in der Ringebene den Planeten. Man weiß seit langem, dass die Ringe um Planeten eine höchst fragile Angelegenheit sind. Welche Kraft sie zusammenhält, darüber hatte man lange keine Ahnung. Die Lösung ist allerdings höchst verwirrend: es sind Schäfermonde. Diese Monde umlaufen die Ringplaneten und ordnen den Ring bei jedem Umlauf neu. Der Staub der Ringe und die unzählig vielen kleineren Materiebrocken werden durch die Gravitation der Monde bei jedem Umlauf wieder neu stabilisiert. Jeder Schäfermond erzeugt einen kleinen Gravitationssog, der die Ringpartikel wieder neu ordnet, sozusagen wieder in Façon bringt. Dieses Phänomen hat man schon bei Saturn beobachtet. Die Ringe des Uranus sind aber nicht sehr dicht. Der äußerste Ring heißt nach seinem Entdecker ›Adams‹.

Oberon

Der letzte der Hauptmonde des Uranus heißt Oberon.

Alle fünf Hauptmonde des Uranus bestehen aus einem Gesteinskern, um den sich ein dicker Eispanzer gebildet hat. Die dunkle Farbe des Eises beweist, dass es schon sehr alt sein muss. Seit seiner Entstehung vor viereinhalb Milliarden Jahren, regnen riesige Mengen von Weltraumstaub auf sie. Die hellen Flecken sind jüngere

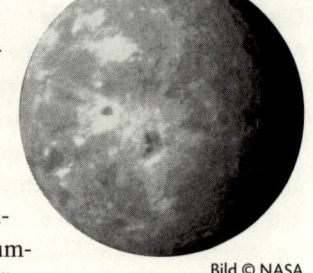

Bild © NASA

Kometen- oder Asteroideneinschläge, die helleres Eis herausgeschlagen haben. Der Mond Oberon wurde 1787 von Wilhelm Herschel entdeckt.

Dann kommen zwei erst vor wenigen Jahren entdeckte Kleinmonde mit den kryptischen Namen S1997 U1 und S1997 U2. Solche Bezeichnungen sind üblich für neue Mond-Kandidaten, die noch nicht als Monde von der Internationalen Astronomischen Union anerkannt sind. Es ist nicht schwer, diesen Namenscode zu entschlüsseln. S steht für Satellit. Dann kommt das Jahr der Entdeckung: 1997. Das nächste ist der Kennbuchstabe für den Planeten Uranus und schließlich die fortlaufende Nummer der Entdeckung in diesem Jahr. S/1997 U1 heißt inzwischen offiziell Caliban. Und auch er ist ein Charakter aus Shakespeares Märchendrama »Der Sturm«. Caliban war ein wilder Sklave.

S/1997 U2 hat inzwischen den Namen Sycorax bekommen. Sie ist eine böse alte Hexe und die Mutter des missratenen Caliban.

Neptun

Die Entdeckung des Neptun

Jetzt sind wir am Ende der Planetenreihe angelangt. Ihr erinnert euch an den Merk-Spruch: »Mein Vater erklärt mir jeden Sonntag unseren Nachthimmel.« Schaut man sich den Sternenhimmel durch ein Teleskop an, so sieht man Millionen von Sternen, die praktisch ein enges Punkteraster bilden. Alle Planeten wandern an diesem Hintergrund vorbei. Weicht ein Objekt auch nur minimal von seiner berechneten

Position ab, ist ersichtlich, dass seine Bahn gestört wird – und das kann nur durch die Schwerkraft eines anderen Planeten geschehen.

Den Astronomen war längst aufgefallen, dass die Bahn von Uranus, dem vorletzten Planeten, eine winzige Unregelmäßigkeit aufweist. Daher wusste man, dass es da draußen noch einen weiteren Himmelskörper geben musste. Als John Couch Adams noch Student an der Universität Cambridge war, wollte er herausfinden, wieso es zu dieser Abweichung kam. Als Mathematiker entwickelte er eine Formel und berechnete die Stelle, an der sich die Störquelle gerade befinden musste. Nachdem er ein Ergebnis hatte, nahm er sofort Kontakt zum Direktor der Sternwarte von Cambridge James Challis auf. Dieser leitete Adams' Berechnungen an den Royal Astronomer Sir George Airy (1801–1892) weiter, damit er diese Stelle am Himmel absuchen und die Berechnung bestätigen konnte. Doch Airy war ein eitler Mann, der von Adams persönlich gebeten werden wollte, weshalb er nichts von sich hören ließ. Adams versuchte nun, dem königlichen Astronomen seine Bitte selbst vorzutragen, aber Airy war gerade für einige Zeit in Paris. Er bat dessen Frau, ihm einen Termin bei ihrem Mann zu verschaffen, doch sie vergaß die Bitte auszurichten. Als Adams keine Antwort erhielt, versuchte er noch einmal, Airy persönlich aufzusuchen. Ein Bediensteter wies ihn jedoch ab, da Sir George gerade beim Essen sei und nicht gestört werden wolle.

Inzwischen hatte in Frankreich der Astronom Urbain Jean Joseph Le Verrier (1811–1877) die Position des unbekannten Planeten ebenfalls berechnet. Doch auch in Frankreich geschah das Unfassbare. Nie-

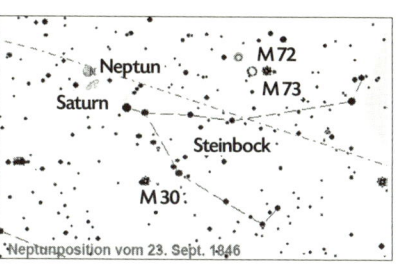

mand der etablierten französischen Astronomen war bereit, das Ergebnis zu überprüfen. Die Suche nach einem Lichtpünktchen im Sternenmeer ist so mühsam wie die Suche nach einer Stecknadel im Heuhaufen. In seiner Verzweiflung wandte sich Leverrier an das Naval Observatory in Washington und bat dort, seine Berechnungen zu überprüfen. Aber auch dort fand sich niemand, der bereit war, diese mühevolle Arbeit zu machen.

Es war den Engländern nicht entgangen, dass man auch in Frankreich auf der Suche nach dem obskuren Planeten war. Doch niemand ahnte, dass Adams ihnen längst den Schlüssel zu diesem Problem gegeben hatte. Letztendlich wurde Adams durch die Ignoranz Airys um den Ruhm einer Planetenentdeckung gebracht.

Auf den ersten Blick scheint das Problem, nach einem Planeten zu suchen, der irgendwo am Himmel stehen soll, unlösbar zu sein. Doch der Bereich lässt sich entscheidend eingrenzen, da sich die Planeten nur auf der Ekliptik bewegen können. Um besser verstehen zu können, was damit gemeint ist, müssen wir uns ein Tablett vorstellen, auf dem verschiedene Früchte liegen. In der Mitte befindet sich die Sonne und dann kommen die anderen Planeten. Alle liegen auf einer Ebene. Das Tablett ist die Ekliptik. Wenn man nun den Rand wie bei einem Zifferblatt einer Uhr in Minuten und Sekunden unterteilt, hat man eine brauchbare Einteilung, in der man sich problemlos zurechtfinden kann. Adams und Leverrier hatten außerdem die Stelle berechnet, an der der neue Planet stehen müsste. Man musste nur noch diesen Sektor untersuchen. Doch selbst jetzt ist es noch schwierig zu erkennen, welcher Lichtpunkt der neue Wandelstern ist. Wenn man aber genügend Zeit hat, belichtet man diese Stelle am Himmel, und ein sich bewegendes Objekt wird auf der Photoplatte als kleiner Strich abgebildet.

Nachdem Leverrier die Absage aus Amerika bekommen hatte, sah er als letzte Möglichkeit, seinen deutschen Kollegen Johann Gottfried Galle in Berlin zu ersuchen, die Berechnung zu überprüfen. Galle reagierte sofort und gab den Brief weiter an den Direktor der Sternwarte mit der Bitte, die Stelle am Himmel absuchen zu dürfen. Noch am gleichen Abend durchmusterte Galle die angegebene Stelle mit der studentischen Hilfskraft Heinrich d'Arrest. Es war ein glücklicher Zufall, dass auf dem Tisch noch die Korrekturbögen für eine neue Sternenkarte lagen, die den Sternenhimmel von vor einigen Tagen zeigte. Bereits nach einer Stunde entdeckten sie, dass ein Lichtpunkt nicht mehr an der gleichen Stelle stand. Als sie die Stelle in der folgenden Nacht wieder aufsuchten, bemerkten sie, dass ein Lichtpünktchen weitergewandert war. Sie waren sich jetzt sicher, dass sie einen neuen Planeten entdeckt hatten.

In England erkannte man, dass einiges schiefgelaufen war. Man war dort nun bemüht, sich wenigstens einen Anteil an der Entdeckung zu sichern. Die Franzosen waren darüber verärgert, da sie mutmaßten, Leverriers Leistung solle geschmälert und für England in Anspruch genommen werden. Adams und Leverrier beteiligten sich nicht an der Diskussion, sie wurden im Gegenteil rasch Freunde, als sie sich bei einem Fest kennen lernten, das John Herschel für sie gab.

So kam es, dass die Entdeckung des Planeten Neptun zur ersten europäischen wissenschaftlichen Gemeinschaftsleistung wurde, denn dieser Planet hat nun drei Entdecker: 1. John Couch Adams (England), 2. Urbain Jean Joseph Leverrier (Frankreich) und letztendlich 3. Johann

Gottfried Galle (Deutschland). Allerdings war es der deutsche Astronom, der in der Nacht zum 23. September 1846 den neuen Planeten als erster Mensch gesehen hatte – in nur 1° Entfernung von der berechneten Stelle.

Die Neptunmonde

Neptun besitzt insgesamt dreizehn Trabanten, von denen aber nur einer, nämlich Triton, als ordentlicher Mond bezeichnet werden kann. Die restlichen »Monde« sind alles nur eingefangener kosmischer Kleinkram. Doch von ihrer Funktion her sind auch sie Monde, da kosmische Gesteinsbrocken nur einen Planeten umkreisen müssen, um bereits als Monde bezeichnet zu werden. Allerdings ist der 2.704 km

Bild © NASA

große Triton kein leiblicher Sohn Neptuns, denn er wurde vor langer Zeit gekidnappt. Ursprünglich stammte er aus dem Kuipergürtel, der den äußeren Rand unseres Sonnensystems bildet. Durch eine Gravitationsstörung wurde er aus seiner Bahn in Richtung Sonne geworfen. Zuvor musste er aber an den Wächter-Planeten Neptun – Uranus – Saturn oder Jupiter vorbei. Wäre er damals bis ins innere Sonnensystem vorgedrungen, dann hätte er durchaus mit der Erde kollidieren können. Glücklicherweise wurde das 2.700 km große Monstrum unterwegs aber vom Neptun abgefangen.

Alle normalen Monde in unserem Sonnensystem umkreisen ihren Mutterplaneten in seiner Rotationsrichtung; die Astronomen nennen das prograd. Da aber Triton quasi im Flug eingefangen worden ist, dreht er sich in die Gegenrichtung um seinen Planeten, also verkehrt herum, wie das bei einigen der Mini-Monde von Jupiter oder Saturn der Fall ist. Unser Erdenmond ist prograd, d.h., er geht als zunehmender Mond im Westen auf und da ihn die Erdumdrehung überholt, geht er auch wieder im Westen unter. Erst wenn er abnimmt, geht er im Osten auf und im Westen unter. Triton braucht für eine Umrundung nur etwas länger als einen Tag.

Triton besitzt einen Steinkern, um den sich ein dicker Eismantel gebildet hat. Das weiß man, denn er ist doppelt so schwer wie Wasser. 1949 entdeckte der holländisch-amerikanische Astronom G. Kuiper den zweiten, nur 340 km großen Mond Nereid. Als 1989 die amerikanische

Sonde Voyager 2 am Neptun vorbeiflog, wurden weitere sieben Klein-monde entdeckt. Inzwischen sind 13 Trabanten bekannt, von denen allerdings ein Dutzend nichts weiter als Minimonde sind.

Die Neptunmonde tragen alle Namen von Badenixen aus der grie-chischen Mythologie. Alle standen in irgendeiner familiären Beziehung zum göttlichen Wassermann.

Für eure Lernbox

Bild © NASA

* Bis 1989 kannte man nur zwei Neptunmonde, nämlich Triton und Nereid.
* Triton wurde nur wenige Tage nach der Entdeckung seines Mut-terplaneten von W. Lassell entdeckt.
* Voyager 2 entdeckte sechs weitere Monde mit Durchmessern zwischen 58 bis 416 km, die fast alle in Äquatorebene des Nep-tun liegen. Bis heute sind 13 Monde bekannt (Juni 2004), aber das dürften wahrscheinlich noch nicht alle sein.
* Mit einem Durchmesser von 2.706 Kilometern ist Triton der größte aller Neptunmonde. Der Kern besteht zum Großteil aus Silikaten und möglicherweise enthält er auch einen kleinen An-teil an Metallen. Seine Kruste und die Oberfläche setzen sich im Wesentlichen aus Wasser-, Ammoniak- und Methaneis zusam-men. Die Oberflächentemperatur beträgt -235°C, und somit ist es der kälteste bekannte Planet im Sonnensystem. Die geolo-gisch sehr junge Oberfläche weist sehr wenig Einschlagkrater auf.
* Triton besitzt eine sehr dünne Atmosphäre aus Stickstoff und geringen Mengen von Methan.
* Von Voyager 2 wurden vulkanische Aktivitäten beobachtet und dabei handelt es sich um eine Art Geysire. Hierbei wird flüssiger Stickstoff durch Spalten in der Oberfläche hochgepresst. Diese Stickstofffontänen steigen bis in 10 km Höhe auf und verdamp-fen explosionsartig.

* Der Eisvulkanismus auf Triton wird nicht etwa durch innere Wärme wie auf der Erde oder durch gravitationsbedingte Erwärmung wie auf dem Jupitermond Io verursacht. Er ist eine Erscheinung, die durch jahreszeitlich bedingte Sonneneinstrahlung verursacht wird. Die Stickstofffontänen reißen vermutlich auch Staub und Methan aus dem Inneren des Mondes mit.
* Triton ist der einzige große Mond im Sonnensystem, der eine gegenläufige Rotation um seinen Planeten aufweist. Dies ist ein Indiz dafür, dass er nicht da entstanden sein kann, wo er sich jetzt befindet, sondern dass er von Neptun irgendwann eingefangen wurde. Tritons retrograde Umlaufbahn ist auch gleichzeitig sein Untergang. Der Mond wird durch gravitative Einwirkungen immer mehr an Neptun herangezogen. Irgendwann wird er entweder in Stücke gerissen und einen Ring um Neptun bilden, oder er wird auf den Planeten stürzen.

Nereid

* Der 340 km große Kleinmond Nereid wurde 1949 von G. Kuiper entdeckt. Die Umlaufzeit des Mondes um Neptun beträgt fast ein ganzes Erdenjahr.
* Nereid weist die größte Bahnexzentrizität (Abweichung) aller bekannten Monde unseres Sonnensystems auf. Die Entfernung zu Neptun schwankt zwischen 1,3 und 9,6 Millionen km. Daher ist es sicher, dass es sich bei diesem Mond ebenfalls um einen eingefangenen Asteroiden handelt.

Der Kuipergürtel

Pluto, der König des Kuipergürtels wird entdeckt

Jetzt sind wir mit unseren acht Planeten durch. Könnt ihr noch alle Planeten aufzählen? »Mein Vater erklärt mir jeden Sonntag unseren Nachthimmel.« Und die spannende Frage ist: Was kommt danach? Beim Planeten Neptun ist, wie ich euch schon gesagt habe, unser Sonnensystem noch nicht zu Ende. Dahinter

Bild © NASA

haben Forscher eine unzählige Menge an kleineren und mittleren Himmelskörpern entdeckt, heute Kuipergürtel genannt. Das ist eine Zone, in der Tausende von riesigen Gesteinsbrocken herumfliegen. Einige von ihnen sind weit über 1.000 km groß. Einer von ihnen, Pluto, galt bis vor wenigen Jahren als der neunte Planet. Heute gilt auch dieser als ein Teil des Kuipergürtels. Es bleibt bei den acht Planeten Merkur, Venus, Erde, Mars, Jupiter, Saturn, Uranus und Neptun. Pluto ist also kein Planet, und der sogenannte zehnte Planet ebenfalls nicht. Es sind Objekte des Kuipergürtels, der weit hinter dem Planetensystem im Weltraum folgt. Eng verknüpft mit der Entdeckung Plutos im Kuipergürtel ist der Name Milton Humanson, den dabei so unfassbar Ungerechtes widerfahren ist, dass ich hier seine Geschichte erzählen muss.

Um 1900 begann man alle Stellen des Himmels zu photographieren. Dazu verwendete man lichtempfindliche Glasplatten. Belichtet man den Sternenhimmel mehrere Stunden lang, werden durch die Bewegung am Himmel aus den punktförmigen Objekten kleine Striche. Gelegentlich kam es aber vor, dass eine Platte einen winzigen Fehler hatte. An der fehlerhaften Stelle wurde auch nichts abgebildet. In der Regel macht das nicht viel aus, da sich auf einer Platte bis zu 400.000 Lichtpünktchen befinden. Milton Humanson hatte die undankbare Aufgabe, verschiedene Photoplatten aus mehreren Nächten miteinander zu vergleichen. Als er die Platte einer vergangenen Nacht untersuchte, befand sich genau dort der Fehler, wo Pluto hätte stehen müssen, da er damals genau dort gestanden hat. Durch den Materialfehler war er aber nicht abgebildet worden. Somit ist seine Entdeckung verloren gegangen.

1919 untersuchte Clyde Tombaugh [tombou], ein astronomiebegeisterter Farmersohn aus Illinois, mit einem Gerät aus Deutschland die photographischen Platten. Das Lowell-Observatorium in Flagstaff (Arizona) besaß einen Blinkkomparator aus Jena, mit dem man zwei anscheinend identische Aufnahmen vergleichen konnte. Stand ein

Lichtpünktchen auf einer Aufnahme an einer anderen Stelle, so hüpfte dieser hin und her. Percival Lowell hatte die mögliche Position des unbekannten Himmelskörpers berechnet und Tombaugh sollte diese Stelle besonders beachten. Am 18. Februar 1930 entdeckte Tombaugh nur wenige Grad von der berechneten Stelle ein Lichtpünktchen, das hin und her hüpfte. »Das ist er« wusste Tombaugh sofort. Am 13. März 1930 wurde die Entdeckung bekannt gegeben, damals noch in der Annahme, es sei ein neunter Planet. Das war Lowells Geburtstag und zufällig auch der 149. Jahrestag von Herschels Entdeckung des Uranus. Planeten werden immer nach einer griechischen Gottheit benannt. Der Name Pluto wurde von Venetia Burney, einem 11-jährigen Mädchen aus Oxford, vorgeschlagen. Bei der Namenswahl dürfte eine Rolle gespielt haben, dass sich das astronomische Symbol aus den Initialen Percival Lowells zusammensetzen ließ.

Bald aber wurde den Forschern klar, dass Pluto nicht besonders gut in unser Planetensystem passt. Alle anderen Planeten machen Sinn. Die Steinplaneten Merkur, Venus, Erde und Mars bilden das innere Sonnensystem. Die Gasriesen Jupiter, Saturn, Uranus und Neptun bilden das äußere Sonnensystem. Alle diese Planeten bewegen sich auf einer Bahnebene – nur Pluto nicht. Deswegen hat man 2006 wieder Abstand davon genommen, ihn als Planet zu sehen.

Für eure Lernbox

* Fast hätte Milton Humanson 1919 Pluto entdeckt. Die photographische Platte, die er untersuchte, hatte genau an dieser Stelle einen Fehler, an der sie ein Lichtpünktchen hätte abbilden müssen. Diese Stelle blieb unbelichtet, weshalb Pluto unentdeckt blieb.
* Da Uranus eine auffällige Bahnstörung aufwies, vermuteten die Astronomen schon lange, dass sich hinter seiner Bahn ein weiterer Planet befinden müsse.
* Der amerikanische Astronom und Gründer der Sternwarte in Flagstaff (Arizona), Parcival Lowell, berechnete die Stelle am Himmel, wo sich der vermeintliche Planet hätte befinden müssen.

Man musste noch einmal alle photographischen Platten miteinander vergleichen. Diese mühevolle Arbeit wurde mit einem
Blinkkomparator aus Jena bewältigt. Hatte sich am Firmament
irgendein Lichtpunkt bewegt, hüpfte er beim Vergleich zweier
Aufnahmen hin und her und konnte dadurch entdeckt werden.

* Der amerikanische Astronom und wohlhabende Geschäftsmann
Percival Lowell hatte sich in Flagstaff (Arizona) eine eigene
Sternwarte gebaut (Lowell Observatorium). Er hatte die Stelle
berechnet, an der der angebliche Planet hätte stehen müssen. Dadurch konnte Tombaugh die Suche auf eine kleine Fläche be-
schränken. Tatsächlich fand er wenige Grad von der berechneten
Stelle einen winzigen Lichtpunkt – es war der gesuchte Planet.

* 1919 fand Clyde Tombaugh mit Hilfe eines Blinkkomparators
aus Jena den Pluto. Da sich der neu entdeckte Planet gegenüber
den Fixsternen bewegte, hüpfte an dieser Stelle ein Pünktchen
hin und her.

Pluto und Charon, zwei Kuiperobjekte

Der gesamte Kuipergürtel ist unvorstellbar weit von der Erde entfernt.
Es dauerte darum nach der Entdeckung Plutos innerhalb des Kuipergürtels fast fünfzig Jahre, bis man
Charon, seinen einzigen Mond
entdeckte. Pluto und Charon
sind als Himmelskörper richtige Zwerge. Pluto hat einen
Durchmesser von nur 2.274
km, Charon ist mit 1.172 nur
halb so groß. Beide hätten be-
quem in der Landfläche der
USA Platz.

Bild © NASA

Charon wurde zufällig 1978 von Jim Christy entdeckt. Er und seine
Familie waren gerade im Begriff umzuziehen. Dabei geriet eine pho-
tographische Platte in seine Hand, auf der sich eine verschwommene
Aufnahme des Pluto befand. Er verwunderte sich, dass Pluto auf der
Aufnahme leicht oval aussah. Er verglich die Aufnahme mit anderen
Platten und sah, dass Pluto auf manchen Aufnahmen völlig kreisförmig
abgebildet war. Ihm war klar, dass dieses Phänomen nur möglich war,

wenn Pluto einen Mond hat. Christy suchte nun nach Aufnahmen, die er schon früher von Pluto gemacht hatte. Manche davon zeigten ebenfalls diese merkwürdige Verzerrung. Doch aufgrund dieser Aufnahmen war er in der Lage, die Umlaufbahn des Mondes zu berechnen. Erst danach konnte Christy sich wieder um seinen Umzug kümmern.

Pluto und Charon umkreisen sich recht sonderbar, nicht wie wir es von den normalen Planeten mit ihren Monden kennen. Beide Kuiperobjekte drehen sich synchron umeinander. Die Astronomen sprechen von einer Hantelrotation, sie eiern sozusagen. Durch ihre Schwerkraft sind sie so aneinander gebunden, dass sich beide Planeten immer ansehen. Vom Pluto aus kann man daher nie die Rückseite Charons sehen und von Charon aus nie die andere Seite von Pluto.

Der Entdecker des neuen Mondes hatte das Recht, ihn zu benennen. Der Name bei Monden muss jedoch zwingend aus der antiken Mythologie stammen und mit Pluto, dem Herrn der Unterwelt in Verbindung stehen. Pluto, der Herr der griechischen Unterwelt, hatte damals einen Angestellten namens Charon [karon]. Er war Fährmann und brachte die Toten über den Styx, das war der Fluss in der griechischen Unterwelt.

Für eure Lernbox

* Pluto wurde am 18. Februar 1930 von Clyde Tombaugh entdeckt. Zunächst wurde er für einen Planeten gehalten, später nur als größeres Objekt innerhalb des Kuipergürtels erklärt. Sein Mond Charon wurde fünfzig Jahre später, im März 1978, entdeckt. Sein Entdecker war James W. Christy.
* Als Entdecker des Mondes hatte er das Recht, ihn zu benennen. Für die Benennung von Himmelskörpern im Sonnensystem ist zwingend vorgeschrieben, dass der Name aus der griechisch-römischen Mythologie stammen muss. Christys informierte sich im Lexikon über Pluto. Er musste einen Namen finden, der mit diesem Gott der Unterwelt in Verbindung stand. Das griechische Totenreich wird durch den Fluss Styx von dem Reich der Lebenden getrennt. Der Fährmann Charon setzt die Gestorbenen über den Styx und bringt sie in die Unterwelt.

Der Kuipergürtel und die Zwergplaneten

Bei unseren Spaziergängen durch den Weltraum habt ihr gesehen, dass sich das Wissen der Menschheit durch die Jahrhunderte hindurch ständig erweitert hat. Vor allem unser Sonnensystem ist jetzt schon ziemlich

gut erforscht. Auch über die Planeten und deren Anzahl herrscht Klarheit. Dass hinter den acht Planeten der Kuipergürtel liegt, ist eine relativ junge Erkenntnis. Bei den größeren Objekten, die hinter den Planeten entdeckt worden waren, hat man zunächst gedacht, dass dies auch Planeten seien. Heute werden sie alle zum Kuipergürtel gerechnet. In der Zeit, als man glaubte, einen neunten Pla-

Bild © NASA

neten, Pluto, entdeckt zu haben, kam noch ein weiteres Himmelsobjekt in den Blick, das den Forschern auch planetenverdächtig schien. Es handelt sich um das Objekt 2003 UB313. Ob das tatsächlich ein weiterer Planet ist, muss bezweifelt werden. Um die Hintergründe verstehen zu können, müssen wir uns alle Fakten genau ansehen. Bereits hinter Neptun beginnt der breite Kuipergürtel. Das ist eine Zone, in der Tausende von riesigen Gesteinsbrocken herumfliegen. Einige von ihnen sind weit über 1.000 km groß. Die Kuiperobjekte sind vermutlich alle gleich aufgebaut. Sie besitzen einen Gesteinskern, der mit einer dicken Eisschicht überzogen ist; sie sehen sozusagen wie eine Kirsche mit einem Kern aus. Im Kuipergürtel befindet sich Pluto mit seinem Mond Charon. Da Pluto fast schon Planetengröße hat, bezeichnen ihn manche Astronomen als den König des Kuipergürtels. Das ebenfalls planetenverdächtige Objekt 2003 UB313, das weiß man inzwischen, ist aber größer als Pluto. Vermutlich muss Pluto nun seinen Königstitel an das neu entdeckte Objekt abgeben. Pluto befindet sich von der Sonne 40-mal so weit entfernt wie die Erde, also 40 AE. 2003 UB313 ist 92 AE entfernt. Aus dieser Entfernung ist die Sonne nur ein heller Stern am Himmel.

Als die Astronomen hinter den Planeten weitere Objekte sichteten, konnten sie mit diesen zunächst lange nichts anfangen. Da sie alle hinter Neptun liegen, heißen sie Trans-Neptun-Objekte. Als man im Jahre 2003 den zehnten Planeten entdeckt zu haben glaubte, wurde ihm eilig ein Name gegeben: Xenia, was »*die Gastfreundliche*« bedeutet. Dies tat man, obwohl längst bekannt war, dass auch bei Pluto bezweifelt wurde, ob er ein richtiger Planet sei. Und damit brach ein heftiger Streit unter den Astronomen aus. Viele waren nämlich davon überzeugt, dass schon Pluto kein richtiger Planet, sondern nur ein Kuiperobjekt sein konnte.

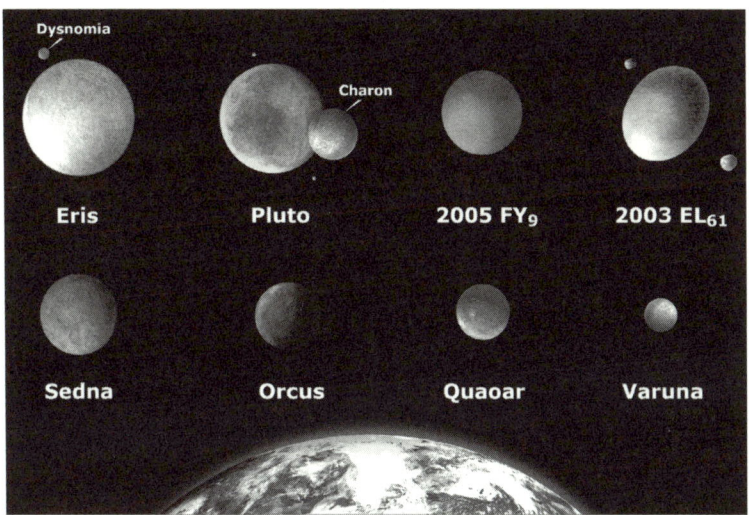

Bild © NASA

Sie haben alle eine Gemeinsamkeit: Sie besitzen einen Steinkern, der von einem dicken Eispanzer umschlossen wird. Da man längst erkannt hatte, dass die Objekte im Kuipergürtel eine eigene Gruppe darstellen, bezeichnete man sie als *Zwergplaneten*. Da Xenia bei den Astronomen schon viel Streit ausgelöst hatte, taufte die IAU sie mit hintergründigem Witz nach der griechischen Göttin der Zwietracht und des Streits in »Eris« um. Als man berechnet hatte, dass das neue Objekt sogar größer war als Pluto, konnte Pluto auch nicht länger als König des Kuipergürtels gelten.

Zwischen 2000 und 2004 wurden sieben neue Kuiperobjekte entdeckt. Damit war beinahe sicher, dass schon wenige Jahre später weitere dieser eigenartigen Objekte entdeckt werden würden. Es ist kein Zufall, dass nun ständig neue Kuiperobjekte entdeckt werden, da sich inzwischen die Beobachtungstechniken sehr verbessert haben. Um eine drohende Planeteninflation zu verhindern, war die Schaffung einer neuen Kategorie dringend geboten. Man führte den neuen Terminus (Begriff) *Zwergplanet* ein und richtigerweise wurde auch Pluto dort eingeordnet.

Für eure Lernbox

Der holländisch-amerikanischen Astronomen Kuiper (1905–1973) hatte einen wesentlichen Anteil an der Entdeckung der unzähligen Himmelsobjekte, die man nach und nach weit im Weltraum hinter den Planeten sichtete. So wurde er denn zum Namensgeber für den Kuipergürtel, unter dem alle diese Objekte zusammengefasst sind. Unter diesen Objekten stechen einzelne besonders hervor.

Eris Um vollendete Tatsachen zu schaffen, wurde das neu entdeckte Kuiperobjekt Xenia (griechisch Göttin der Gastfreundschaft) genannt. Die IAU nannte dieses Trans-Neptun-Objekt jedoch Eris. Sie ist die Göttin der Zwietracht, ein spitzfindiger Hinweis, dass um dieses Objekt ein heftiger Streit unter den Astronomen ausgebrochen war. Im September entdeckte man, dass Eris sogar einen winzigen Mond mit einem Durchmesser von 250 km besitzt. Auch berechnete man, dass Eris deutlich größer als Pluto ist. Somit ist sie jetzt die Königin des Kuipergürtels – und nicht mehr Pluto der König.

Pluto und Charon Diese beiden Objekte verloren ihren Planetenstatus und sind heute Kuiperobjekte. Pluto wurde 1930 von Clyde Tombaugh entdeckt und vorübergehend zum 9. Planeten unseres Sonnensystems ernannt. Seit 1990 gibt es erste Zweifel, ob es sich bei Pluto überhaupt um einen echten Planeten handelt, da er die Achse der Ekliptik in seiner Bahn um die Sonne immer wieder verlässt.

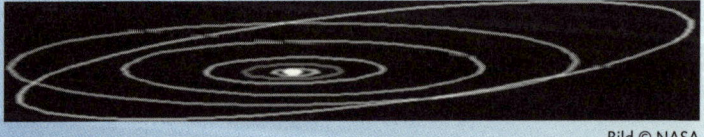

Bild © NASA

2003 EL$_{61}$ Mit einem Durchmesser von 1.600 km ist er das drittgrößte bekannte Kuiperobjekt. Dieses TNO (Trans-Neptun-Objekt) wurde am 7. März 2003 am Sierra Nevada Observatorium in Spanien entdeckt.

Sedna Dieses Kuiperobjekt wurde im Jahre 2003 entdeckt. Der Name Sedna stammt aus der Eskimosprache (Inuit). Sie ist die Meeresgöttin, die in den kalten Tiefen des Atlantischen Ozeans lebt. Für einige Wochen glaubte man, dass man mit ihr den zehnten Planeten in unserem Sonnensystem entdeckt hätte, doch als man seine Größe berechnet hatte, erkannte man, dass dringend eine neue Kategorie von Himmelskörpern eingeführt werden müsste. So entstand innerhalb des Kuipergürtels die Gruppe der Zwergplaneten.

Orcus Er wurde im Februar 2004 vom Team um Mike Brown entdeckt. Da er fast schwarz ist, benannte man ihn nach dem Gott der Unterwelt.

Quaoar [kwah-o-wahr] wurde im Jahre 2002 von Chad Trujillo, aus dem Astronomenteam um Mike Brown entdeckt. Sein Name entstammt der indianischen Schöpfungsmythologie. Er umkreist die Sonne in einer fast exakten Kreisbahn.

Das Kuiperobjekt **Varuna** wurde im Jahre 2000 entdeckt. Es erhielt seinen Namen nach einer indischen Gottheit. Der Himmelskörper bewegt sich in einem Abstand von fast 43 AE in 281 Jahren einmal um die Sonne.

Die Oortsche Wolke und die Neuordnung des Sonnensystems

Unser Sonnensystem besteht jetzt verbindlich aus acht Planeten. Bei der Hauptversammlung der Internationalen Astronomischen Union 2006 in Prag wurde eine dringend nötig gewordene Neuorganisation unseres Sonnensystems durchgeführt. Anfangs sah es danach aus, als ob unser Sonnensystem mit einem Schlag auf 12 Planeten erweitert werden würde. Eine Kommission hatte einen Entwurf zur Neudefinition von Planeten ausgearbeitet, der schon am ersten Tag der Konferenz veröffentlicht wurde.

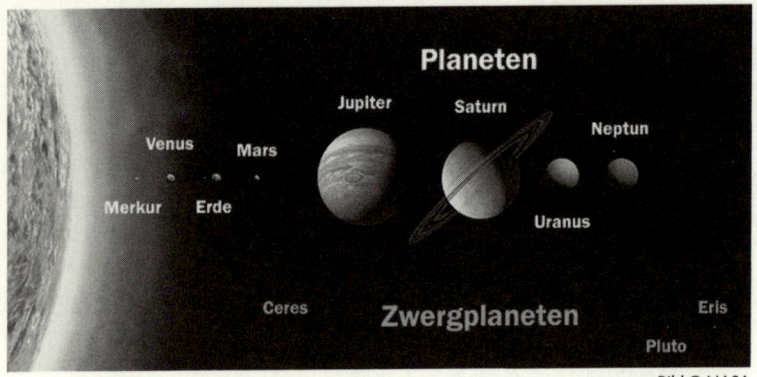

Bild © NASA

Um das Problem überhaupt verstehen zu können, möchte ich noch einmal kurz den Aufbau unseres Sonnensystems zusammenfassen. Unser Sonnensystem gliedert sich in vier Teile.

1. Das innere Planetensystem besteht aus Steinplaneten: Merkur, Venus, Erde und Mars.
2. Dann kommt die Trennlinie des Asteroidengürtels, der aus unzähligen Asteroiden besteht.
3. Es folgt das äußere Planetensystem, bestehend aus den vier Gasriesen: Jupiter, Saturn, Uranus und Neptun. Der Planetoidengürtel entstand, weil der Gravitationssog der Gasriesen die Entstehung eines weiteren Planeten verhinderte.
4. Hinter Neptun beginnt der breite Kuipergürtel. Hier tummeln sich Tausende Objekte, die oft die Größe von Kleinplaneten haben. Die Objekte aus dem Kuipergürtel haben ein gemeinsames Merkmal: einen Steinkern, der von einem dicken Eispanzer umgeben ist.

Als der Amerikaner Clyde Tombough [tombo] ein Objekt entdeckte, war man sicher, dass er den neunten Planeten in unserem Sonnensystem entdeckt hatte. Allerdings hatten die Astronomen von Anfang an keine rechte Freude an diesem Objekt, denn es brachte die Ordnung des Planetensystems durcheinander. Pluto hätte von seiner Größe zu den inneren Steinplaneten gepasst. Außerdem zeigte sich, dass er die Ekliptik verließ. Man vermutete schon lange, dass er überhaupt kein Planet, sondern ein großes Kuiperobjekt ist. Mittlerweile weiß man, dass Pluto einen Begleiter hat, Charon. Beide Objekte umkreisen

einen gemeinsamen Schwerpunkt – es ist also ein Doppelplanetensystem. Astronomen sprechen von einer »Hantelrotation«. Auch Charon besitzt einen Steinkern und einen dicken Eispanzer. Damit passen beide in ihrem Aufbau zu den Kuiperobjekten. Hätte man nun Pluto seinen Status als Planet gelassen, hätte dies dramatische Konsequenzen gehabt, denn alle neu entdeckten Kuiperobjekte wären automatisch Planeten geworden. In den kommenden Jahren wäre ihre Anzahl ins Unermessliche gewachsen. Die IAU hat somit die beste aller möglichen Entscheidungen getroffen.

Für eure Lernbox

Der Aufbau des Sonnensystems aus heutiger Sicht

* Im Juni 2006 wurde die schon lange überfällige Neuordnung unseres Planetensystems vorgenommen.
* Dabei musste Pluto endgültig seinen Planetenstatus aufgeben.
* Das Plenum der IAU-Vollversammlung musste zuerst neu definieren, was ein Planet überhaupt ist:

1. Ein Planet ist ein Himmelskörper, der die Sonne umkreist.
2. Ein Planet hat genug Masse, damit seine Schwerkraft ihn zu einer annähernd runden Gestalt formt.
3. Er muss seine Umgebung von anderen Objekten »frei geräumt« haben. Diese Bedingung erfüllt Pluto nicht, da Pluto im Kuipergürtel mit anderen Objekten die Sonne umkreist.

Die Zwergplaneten

Als am 24. August 2006 die Internationale Astronomische Union (IAU) in Prag zusammentraf, wurde auch eine neue Klasse von Himmelskörpern definiert: Die Zwergplaneten. Zwergplaneten weisen fast alle Eigenschaften von Planeten auf, nur dass sie nicht genügend Anziehungskraft haben, um ihre Umlaufbahn von anderen Objekten frei zu räumen. Diese Definition ist allerdings nicht ganz wasserdicht. Wir wissen, dass sich in der Umlaufbahn der Erde rund 10.000 Objekte befinden. Bei strenger Auslegung müsste auch Jupiter in die Zwergenklasse gehören, denn auf seiner Umlaufbahn um die Sonne befinden sich die sogenannten Trojaner. Das ist ein Schwarm Asteroiden, die mit Jupiter zusammen die Sonne umkreisen.

Da Pluto nun nicht mehr zu den Planeten gerechnet wurde, wollten einige Astronomen diese Gruppe *Plutone* nennen, doch dieser Terminus war bereits an die Geologie vergeben. Als *Pluton* bezeichnet man in der Geologie vulkanisches Material, das unterirdisch Hohlräume ausgefüllt hat und später frei erodiert (alles drum herum wird weggeschwemmt) wurde. Dadurch entstanden oft gewaltige Berge. Der bekannteste Plutonit ist der Zuckerhut in Rio de Janeiro.

Sternschnuppen: Die Geminiden

Jedes Jahr ist zwischen dem 7. und 17. Dezember ein Meteorstrom zu sehen. Er wurde als die »Geminiden« bezeichnet, weil es so scheint, als würden die Sternschnuppen aus dem Sternbild Zwilling (Gemini) kommen. In dieser Jahreszeit steht dieses Sternbild im Osten hinter dem Sternbild des Orion. Unter den Meteorströmen sind die Geminiden die Verlässlichsten, weswegen man mit Sicherheit deutlich mehr Sternschnuppen sehen wird als sonst üblich. Sie treten jedes Jahr zwischen dem 7. bis 17. Dezember auf.

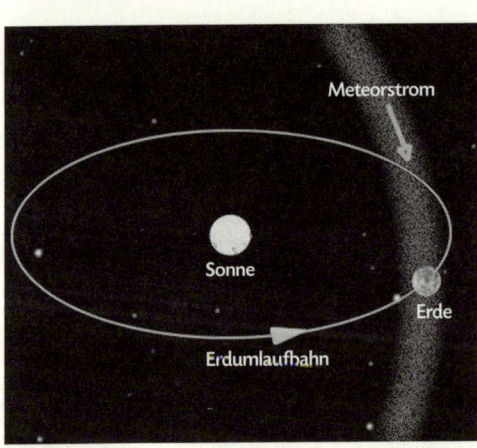

Bild © NASA

Sternschnuppen entstehen, wenn die Erde die ehemalige Bahn eines Kometen durchfliegt. Kometen sind kosmische Besucher, die von weit her aus dem Sonnensystem zu uns kommen. Weit hinter dem äußersten Planeten des Sonnensystems und auch hinter dem Kuipergürtel befindet sich die Oortsche Wolke. Das ist sozusagen die Heimat, die Kinderstube der Kometen. Man vermutet, dass die Oortsche Wolke eine gigantische Sphäre ist, die das gesamte Sonnensystem umschließt. Man kann sie sich durchaus als eine Art Lampenkugel vorstellen, in deren Inneren sich das gesamte Sonnensystem befindet.

Gelegentlich kommt es vor, dass sich ein Komet aus seiner Bahn löst und in Richtung Sonne stürzt. Da Kometen aus schmutzigem Trockeneis und Gesteinsbrocken bestehen, erwärmen sie sich in Sonnennähe und beginnen wie ein Schneeball im Backofen zu verdampfen. Je mehr sich der Komet der Sonne nähert, desto länger wird sein Schweif. Er ist viele Millionen Kilometer lang und weist stets von der Sonne weg. Kometen leben daher nicht ewig. Wenn sie sich der Sonne weit genug genähert haben, lösen sie sich auf oder sie stoßen mit einem Planeten zusammen. Mit der Erde geschah dies vor etwa 100 Jahren, als 1908 Reste eines Kometen über Sibirien auf der steinigen Tunguska aufprallten und dabei 1200 km^2 Wald verwüsteten.

Die durchflogenen Kometenschweife sind allerdings in der Regel sehr dünn. Bei den Geminiden kann man pro Minute etwa eine Sternschnuppe sehen.

Für eure Lernbox

Sternschnuppen sind staubgroße Materieteilchen von Kometen, die in der Erdatmosphäre verglühen. Sie stammen aus den Schweifen von Kometen.

Kometen bestehen aus schmutzigem Trockeneis. Trockeneis ist gefrorenes CO_2. Wenn sich Kometen der Sonne nähern, erhitzen sie sich und das Trockeneis beginnt sich in Gas umzuwandeln.

Dabei bildet sich ein langer Kometenschweif. Er zeigt immer von der Sonne weg, da er vom Sonnenwind fortgeblasen wird. Der Kometenschweif entsteht aus winzigen Staubpartikeln, die als Spur im Kosmos zurückbleiben. Wenn die Materiespur die Umlaufbahn der Erde streift, fliegt sie einmal im Jahr durch die Ansammlung.

Da die Erde mit über 100.000 km/h um die Sonne rast, treffen die Kometenteilchen mit einer hohen Geschwindigkeit auf die Erdatmosphäre Die meisten der staubkorngroßen Partikel verglühen bereits in der obersten Schicht der Atmosphäre, der Thermosphäre. Größere Partikel verglühen in der Mesosphäre.

Bild © NASA

* Die wichtigsten Sternschnuppenereignisse im Jahr sind:
* 1.–6. Januar: Quadriden. Radiant ist das Sternbild Bothes. Sie bringen in der Nacht vom 3. auf den 4. Januar etwa 100 Sternschuppen pro Stunde. Als Radiant bezeichnet man die Stelle am Nachthimmel, aus der die Sternschnuppen zu kommen scheinen.
* 10.–14. August: Perseiden. Radiant ist das Sternbild Perseus. Die Perseiden bringen pro Stunde ca. 70 Sternschnuppen, aber nur wenige sind wirklich auffallend helle Objekte.
* 17./18. November: Leoniden. Radiant ist das Sternbild des Löwen. Mit 20–30 Sternschnuppen nicht sehr ergiebig.
* Am 14. Dezember haben die Geminiden ihr Maximum (60 Sternschnuppen pro Stunde). Radiant ist der Stern Kastor im Sternbild Gemini (Zwilling).